国家级实验教学示范中心系列实验教材
普通高等院校生物实验教学“十四五”规划教材

细胞生物学实验教程

主　编　卢群伟　曾小美
副主编　周爱文　李奇志　苏　莉　刘亚丰
编　委　（以姓氏拼音排序）
冯凌云　李奇志　刘亚丰　卢群伟
苏　莉　杨光影　曾小美　周爱文

华中科技大学出版社
http://press.hust.edu.cn
中国·武汉

内 容 简 介

本书是普通高等院校生物实验教学"十四五"规划教材。

本书共分为七章，主要内容包括细胞生物学基础实验技术、细胞基本形态结构观察、细胞器的染色与观察、细胞内大分子的显示与观察、细胞的生理活动、细胞周期与染色体分析、细胞增殖与细胞凋亡检测，内容上兼顾细胞生物学基本实验、综合性实验以及前沿实验。同时，除文字叙述，还以实验流程图和实验结果图等形式进行展示，并且强调实验注意事项，部分实验辅以教学视频、虚拟仿真演示，有助于学生理解并掌握实验技能，具有较强的实用性。

本书可作为生命科学相关专业本科生和研究生的细胞生物学实验指导教材，也可作为生命科学实验室研究人员、工作人员的参考书。

图书在版编目(CIP)数据

细胞生物学实验教程/卢群伟，曾小美主编．—武汉：华中科技大学出版社，2023.7(2024.2 重印)
ISBN 978-7-5680-9489-4

Ⅰ.①细… Ⅱ.①卢… ②曾… Ⅲ.①细胞生物学-实验-高等学校-教材 Ⅳ.①Q2-33

中国国家版本馆 CIP 数据核字(2023)第 118934 号

细胞生物学实验教程 卢群伟 曾小美 主编
Xibao Shengwuxue Shiyan Jiaocheng

策划编辑：罗 伟
责任编辑：罗 伟 李艳艳
封面设计：原色设计
责任校对：朱 霞
责任监印：周治超
出版发行：华中科技大学出版社(中国·武汉) 电话：(027)81321913
武汉市东湖新技术开发区华工科技园 邮编：430223
录 排：华中科技大学惠友文印中心
印 刷：武汉市洪林印务有限公司
开 本：787mm×1092mm 1/16
印 张：8.25
字 数：152 千字
版 次：2024 年 2 月第 1 版第 2 次印刷
定 价：49.80 元

前言

Qianyan

随着生命科学的迅猛发展，细胞生物学对生命科学的影响越来越深入。细胞生物学教学包括理论课和实验课两个部分，其中实验课是细胞生物学教学中的一个重要组成部分，是生物科学、生物技术、生物制药、生物医学工程、临床医学、预防医学、法医学等专业的基础课程。通过细胞生物学实验，能够加深学生对细胞生物学理论知识的理解和认识，同时通过对细胞生命现象的观察和操作，学生可以掌握细胞生物学的基本操作技术，理解细胞生命活动过程，并培养独立设计实验和分析实验结果的能力，以及掌握细胞生物学前沿实验技术，从而提高动手能力和创新能力。

本书立足学生，简明实用、重点突出，结合科学前沿，主要介绍了细胞生物学基础实验技术、细胞基本形态结构观察、细胞器的染色与观察、细胞内大分子的显示与观察、细胞的生理活动、细胞周期与染色体分析、细胞增殖与细胞凋亡检测等细胞生物学实验，内容上兼顾细胞生物学的基本实验、综合性实验以及前沿实验。同时，本书除文字叙述外，还以实验流程图和实验结果图等形式进行展示，并且强调实验注意事项，部分实验辅以教学视频、虚拟仿真演示，有助于学生理解并掌握实验技能，具有较强的实用性。

本书编写人员均是多年从事细胞生物学教学和科研工作的教师，因此内容具有很强的针对性和指导意义。本书可作为生命科学相关专业本科生和研究生的细胞生物学实验指导教材，也可作为生命科学实验室研究人员、工作人员的参考书。

编　者

网络增值服务

使用说明

欢迎使用华中科技大学出版社医学资源网 yixue.hustp.com

1 教师使用流程

（1）登录网址：http://yixue.hustp.com（注册时请选择教师用户）

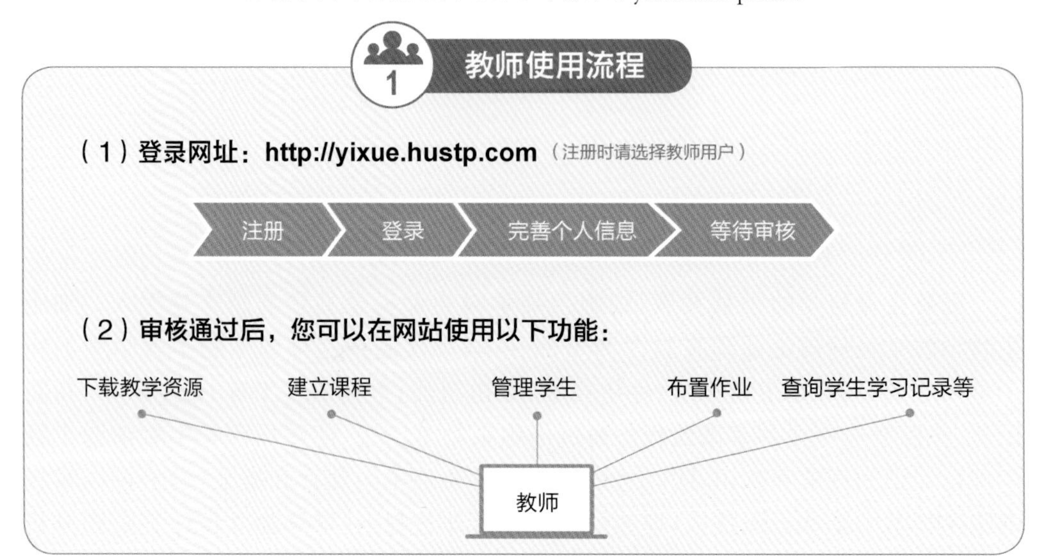

2 学员使用流程

（建议学员在PC端完成注册、登录、完善个人信息的操作）

（1）PC 端操作步骤

① 登录网址：http://yixue.hustp.com（注册时请选择普通用户）

注册 → 登录 → 完善个人信息

② 查看课程资源：（如有学习码，请在个人中心－学习码验证中先验证，再进行操作）

（2）手机端扫码操作步骤

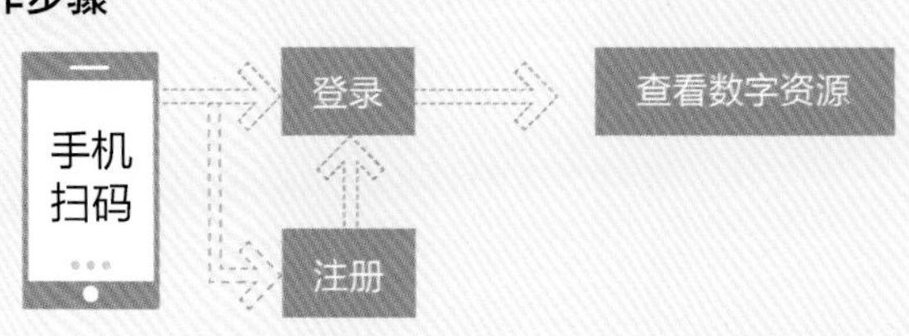

目录

Mulu

第一章　细胞生物学基础实验技术

实验一　普通光学显微镜的构造与使用方法

光学显微镜操作视频

光学显微镜虚拟仿真操作

一、实验目的

(1)学习普通光学显微镜各部分的结构、功能和使用方法。

(2)掌握低倍镜和高倍镜的工作原理和使用方法。

(3)掌握油镜的工作原理和使用方法。

(4)了解几种特殊光学显微镜的工作原理及其使用方法。

二、实验原理

普通光学显微镜是最常用的一种光学显微镜,是利用光线照明,将微小物体形成放大影像的仪器。普通光学显微镜的主要部件是物镜和目镜,均为凸透镜。物镜的焦距短,目镜的焦距较长。普通光学显微镜主要用于观察生物组织和细胞的显微结构、形态和生长状态,是生物、医学研究及临床工作中常用的仪器,熟练操作普通光学显微镜是细胞生物学的基本技术之一。

三、实验设备与试剂

1. 实验设备

普通光学显微镜。

2. 试剂

香柏油、无水乙醇。

四、实验方法

1. 实验流程图

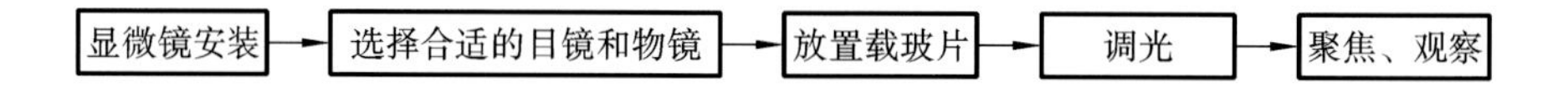

2. 实验内容

1)光学显微镜的主要构造及其功能

光学显微镜的构造主要分为三部分:机械部分、照明部分和光学部分(图 1-1)。

(1)机械部分:

①镜座:又名镜脚,是显微镜的基座,用以支持整个显微镜。

②镜柱:镜座向上直立的短柱,用以支持其他部分。

③镜臂:镜柱向上弯曲的部分,适于手握。有些显微镜镜柱与镜臂之间有倾斜关节。

④镜筒:连在镜臂前方的部分,一般长度为 16 cm。有直筒和斜筒两种,前者镜筒上下可调节,后者镜筒是固定的。

⑤调节器:装在镜臂上的大、小两种螺旋,转动时可使镜台升降或使镜筒上下移动以调节焦距。

粗调节器(粗调焦手轮)转动时可使镜台或镜筒在垂直方向以较快速度和较大

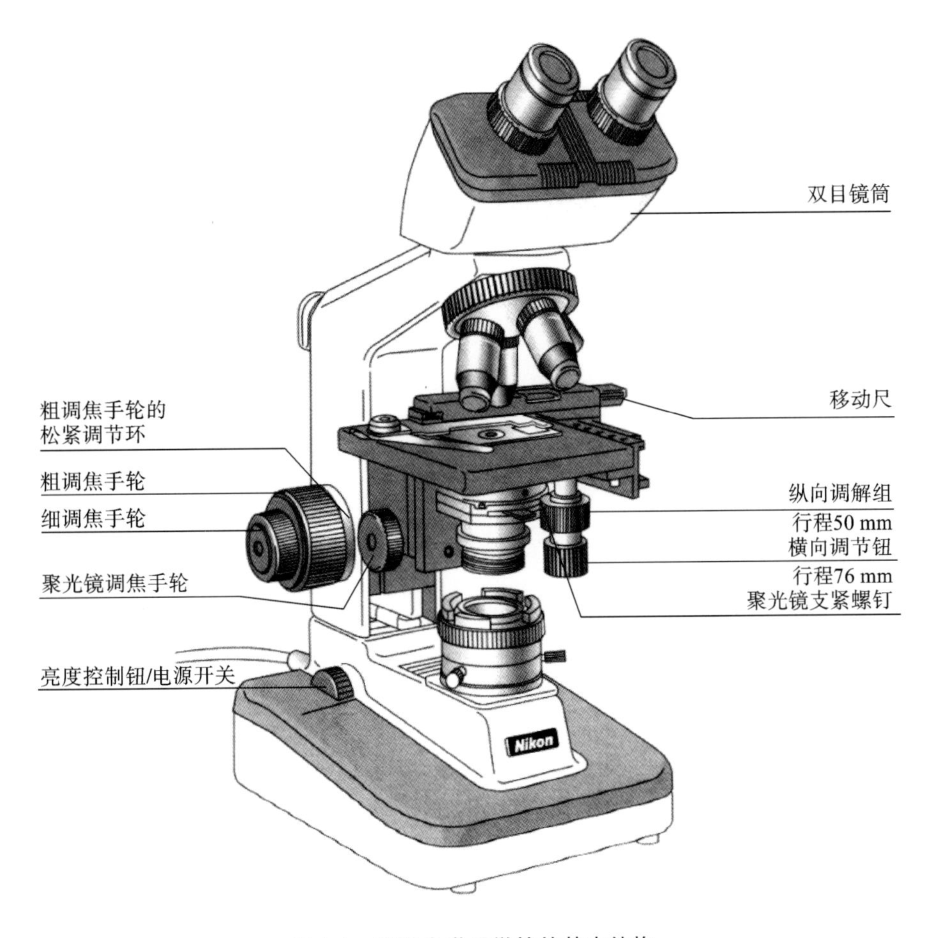

图 1-1 普通光学显微镜的基本结构

距离进行升降，调节物镜与标本的距离。通常在低倍镜下，先用粗调节器找到物像。

细调节器(细调焦手轮)形状较小，通常在粗调节器的下方或外侧，转动时可使镜台或镜筒缓慢地升降以精细调节焦距，得到清晰的物像。

⑥旋转器(镜头转换器)：装在镜筒的下端，呈盘状，下面有 3～4 个物镜。

⑦载物台(镜台)：用以放标本，中间有一通光圆孔，称为透光孔，由此孔可透入聚光器聚集的光线。

⑧标本移动器：装于载物台上，用于前后左右移动标本。移动器上有标尺，可以测定标本大小。

(2)照明部分:安装在载物台下方,包括反光镜、聚光器、光圈。

①反光镜(mirror):一个一面平一面凹的双面镜,安装在镜柱基部的前方,可向任意方向转动,其作用是改变光源射出的光线方向,送至聚光器中心,再经透光孔照明标本。反光镜的凹面聚光作用较强,通常在光线较弱时使用;在光线强而均匀时,宜用平面镜。

②聚光器(又名集光器,condenser):位于载物台下方的聚光器架上,由聚光镜和光圈组成。

聚光镜由一片或数片透镜组成,其作用相当于一个凸透镜,起会聚光线的作用,一般可通过装在镜柱旁的聚光器调焦手轮的转动而上下移动,上升时视野中光亮度增加,下降时光亮度变弱。

③光圈(diaphragm):在聚光镜下方,由十几张活动的金属薄片组成。其外侧伸出一柄,推动此柄可随意调节光圈的大小,以调节光量。

现在大多数显微镜采用电光源代替反光镜,使用时接上电源,在打开电源前,将光照亮度旋至最小位置,然后打开电源,旋转亮度旋钮调节光照亮度至适宜为止。关闭电源前,应先将光照亮度旋至最小位置。使用时调整至适当的亮度。

(3)光学部分:

①目镜(eyepiece):位于镜筒上方,常用的有 5×、6×、8×、10×、12×、15×等,数字越大,放大倍率越高。一般根据被观察对象的预测大小挑选不同放大倍数的目镜,使用较多的是 10×目镜。

②物镜(objective):装在镜筒下端的旋转器上,一般有 3～4 个物镜。其中较短的刻有“4×”或“10×”符号的为低倍镜,较长的刻有“40×”符号的为高倍镜;最长的刻有“100×”符号的为油镜。

在物镜上,还有镜口率(NA)的标志。镜口率反映了该镜头分辨力的大小,其数字越大,表示分辨力越高。物镜的工作距离是指显微镜处于工作状态(物像调节清楚)时,物镜的下表面与盖玻片上表面之间的距离(盖玻片的厚度一般为 0.17 mm)。物镜的放大倍数愈大,它的工作距离愈小。显微镜的放大倍数是物镜的放大倍数与目镜的放大倍数的乘积,例如:物镜为 10×,目镜为 10×,则显微镜的放大倍数就为 100×。

2)普通光学显微镜的使用方法

(1)低倍镜的使用方法:

①检查:用右手握镜臂,从镜箱中将显微镜取出,左手托住镜座,平稳地放到实验桌上。使用前应先检查一下显微镜各部分结构是否完整,如发现缺损或性能不良,要立即报告教师,请求处理。

②准备:将显微镜放于自己座位面前实验桌上稍偏左侧,镜台向前,镜筒向后,旋转粗调节器使镜台远离物镜,旋转物镜转换器,使低倍镜对准透光孔,这时可听到转换器上固定扣轻碰上而发出的声音,或手上感到一种阻力,说明物镜的光轴已正对镜筒的中心。

③对光:打开光圈,将聚光器上升。双眼同时张开,以左眼向目镜内观察(如为双筒显微镜,用双眼观察,下同),调节反光镜的方向,使光线射入镜筒中,直到有明亮而均匀的视野;或打开电源,调节光照亮度旋钮,直到光的亮度适宜为止。

④置片和调整焦距:将标本置于镜台上,注意使有盖玻片的一面朝上,利用标本移动器将标本夹住,然后将玻片稍加调节,使标本对准透光孔。从侧面注视物镜,转动粗调节器,使镜台慢慢上升,至物镜距标本半厘米处为止,再以左眼自目镜中观察,左手转动粗调节器使镜台徐徐下降,直到视野中出现标本的物像为止;再转动细调节器,使镜台微微升降,调节距离,使物像清晰。

(2)高倍镜的使用方法:高倍镜的使用是在低倍镜调焦清晰的基础上进行的。

①在低倍镜下找到物像后,将标本欲观察的部分移到视野中央。

②眼睛从侧面注视物镜,用手转动物镜转换器,使高倍物镜对准标本(如果操作正确,此时物镜与标本之间距离正好,不会碰到)。

③眼睛从目镜观测,来回半圈半圈地调节细调节器,直到得到清晰的物像为止。

(3)油镜的使用方法:油镜的使用是在低、高倍镜调焦清晰的基础上进行的。

①在低、高倍镜找到物像后,将标本欲观察的部分移到视野中央。

②将低、高倍镜镜头移开,100 倍油镜待用,在标本需要观察的部分加上少许香柏油,然后转动物镜转换器,使油镜对准标本。调节油镜使其前端浸在香柏油内。从目镜观察,同时转动细调节器至视野出现清晰物像。油镜的放大倍数较大,观察

时要用较强的光线。

③观察以后，用粗调节器使镜台下降（镜筒上升），用擦镜纸将镜头、标本上的香柏油擦去，然后用无水乙醇擦拭镜头，但不能用力擦，以免损坏镜头和标本。水分较多的临时制片，使用油镜观察时，应事先吸尽水分。

3. 注意事项

(1)取显微镜时必须右手握镜臂，左手托镜座，平贴胸前。切勿一手斜提，前后摇摆，以防碰撞和零件跌落。

(2)擦拭显微镜的光学玻璃部分必须用擦镜纸，切忌用其他硬质纸张或布等擦拭，以免造成镜面划痕。

(3)切忌用水、乙醇或其他药品浸润镜台或镜头。一旦沾染应立即进行处理，以免污染或腐蚀镜头。

(4)放置玻片标本时，应将有盖玻片的一面向上，否则会压坏标本和物镜。

(5)观察时应两眼同时张开，用左眼观察，用右眼注视绘图。左手调节粗、细调节器，右手调节标本移动器和绘图。实验完成后，将显微镜擦拭干净。物镜不要与镜台相对，关闭光圈，适当下降聚光器，将反光镜直立，放回原处。

五、思考题

(1)使用高倍镜和油镜观察时，为什么必须从低倍镜开始？

(2)如果标本放反了，用高倍镜或油镜能找到标本吗？为什么？

(3)如果高倍镜下找不到物像，应从哪些方面找原因？如何解决？

(4)显微镜下看到的物像是正像还是反像？物镜与标本的移动方向是否一致？为什么？

实验二 荧光显微镜的构造与使用方法

一、实验目的

(1)学习荧光显微镜各部分的结构、功能和使用方法。

(2)学习并掌握滤光块的工作原理。

(3)根据标本选择合适的滤光块。

二、实验原理

1.荧光的产生

在外界光照射下,物质原子核周围的一些电子吸收能量后,由原来的轨道跃迁到了能量更高的轨道,即从基态跃迁到第一激发单线态或第二激发单线态等。第一激发单线态或第二激发单线态等不稳定,将很快恢复到基态,当电子由第一激发单线态恢复到基态时,能量会以光的形式释放。这时发射出的波长比激发光的波长要长,这种光就称为荧光,其产生过程如图2-1所示。

2.荧光染料的类型

不是所有物质的分子都能产生荧光,只有能产生荧光的物质才被称为荧光物质,通常这类物质被用作荧光染料或荧光探针。常用的荧光染料有荧光探针、荧光蛋白、量子点(纳米晶体)等。它们各有各的优缺点,如:荧光探针具有明亮、光谱范围大、光稳定性强等优点,缺点是特异性标记细胞内蛋白质比较困难;荧光蛋白表达稳定,有多种突变体,可同时进行多种标记,但光谱交叉,易光漂白。

3.荧光显微镜的主要组成部分

相比普通光学显微镜,荧光显微镜主要增加了荧光激发照明光源、荧光滤光块。

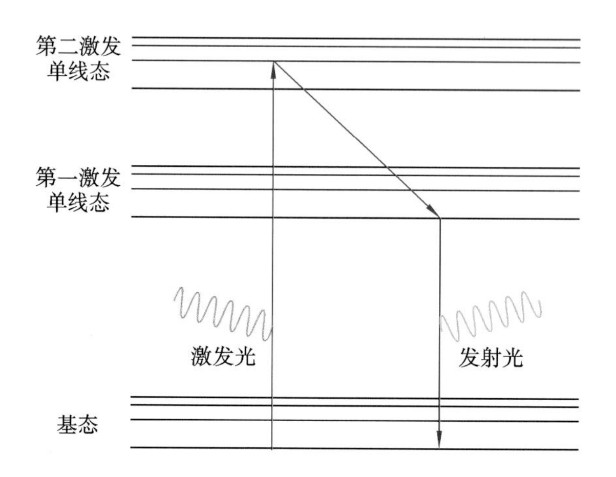

图 2-1　荧光产生原理图

(1)荧光激发照明光源:目前常用的荧光激发照明光源有汞灯、长寿命金属卤化物灯、LED及固态光源等。

①汞灯:光谱连续、覆盖范围广,紫外区域能量强,缺点是寿命短,一般仅几百小时。汞灯启动时需要高压触发,点亮后根据环境温度需稳定几分钟到二十分钟才可关闭。灯熄灭后要等待 20 min 以上,待完全冷却后才能重新启动。

②长寿命金属卤化物灯:光谱连续,覆盖范围广,紫外区域能量略低于汞灯。寿命较长,可达 2000 h。由于金属卤化物灯也需要高压触发,开机与关机流程类似汞灯。

③LED及固态光源:光谱比较窄,某些波段的光强优于金属卤化物灯。寿命长,可达 20000 h。

(2)荧光滤光块:荧光滤光块是荧光显微镜的重要组成部分,一般由激发滤光片(excitation filter)、阻挡滤光片(barrier filter)和二向色镜(dichroic mirror)组成,以固定位置及方向装入滤光块空盒(cube)中,其工作原理如图 2-2 所示。

①激发滤光片:其允许透过能够有效激发特定染料发出荧光的所需波长的光线,同时阻挡其他无关波长的光线透过,通常是一个窄带滤光片。

②阻挡滤光片:又称发射滤光片。其作用是让样品中被激发出的荧光通过,同时阻挡激发光通过,通常是一个高通滤光片。

③二向色镜:又称二色分光镜,是一薄片镀膜玻璃,与显微镜光路成 45°角。这

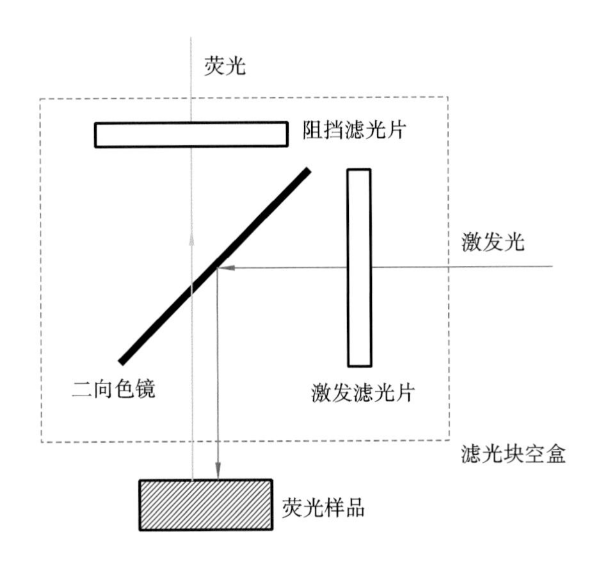

图 2-2 荧光滤光块工作原理示意图

种镀膜具有反射激发光而透射发射荧光的特殊功能。二向色镜具有非常高的效率,激发光的反射效率高于95%,发射荧光的透射效率约为95%。

必须注意的是,滤光块中的三个镜片是相互匹配的一套组件,一起安装勿拆分,通常显微镜厂家会提供多种滤光块,以激发光颜色来命名,如UV、B、G等,或者以荧光染料来命名,如DAPI、FITC、GFP、TEXAS RED等。

荧光显微镜具备普通光学显微镜所有的光学部件,如目镜、物镜及聚光器等。同透射光一样,荧光照明系统通常也采用柯勒照明。为达到更好的荧光透过率,通常选择自体荧光极微弱且透过率更好的萤石物镜,通常称为平场荧光物镜(Plan Fluor),又称半复消色差物镜。当进行单分子荧光之类的极弱荧光实验时,甚至选择数值孔径更大的平场复消色差物镜。

三、实验设备、试剂与样品

1. 实验设备

荧光显微镜。

2. 试剂

香柏油、无水乙醇。

3. 样品

植物根尖玻片或荧光蛋白标记的细胞。

四、实验方法

1. 实验流程图

2. 实验内容

1)荧光显微镜的主要构造及其功能认知

和普通光学显微镜一样,荧光显微镜也分为正置和倒置显微镜。以尼康倒置显微镜 Ts2-FL 为例,其主要分为四部分,即机械部分、照明部分、滤光片部分和光学部分,如图 2-3 所示。

(1)机械部分:

①镜体:显微镜的基座,用以安装各个部件。

②载物台:放置固定样品,配有移动尺,可进行 X、Y 轴向调节。

③粗、细调焦结构:a. 粗调焦手轮:转动时可使物镜在垂直方向以较快速度和较大距离进行升降,调节物镜与样品的距离。通常在低倍镜下,先用粗调焦手轮找到物像。b. 细调焦手轮:通常在粗调焦手轮的外侧,转动时可使物镜缓慢地升降,以精细调节焦距,找到清晰的物像。

④物镜转换器:用以安装不同倍率的物镜,一般可安装 3～5 个物镜。

⑤目镜筒:用以安装目镜,通常为 10×目镜。

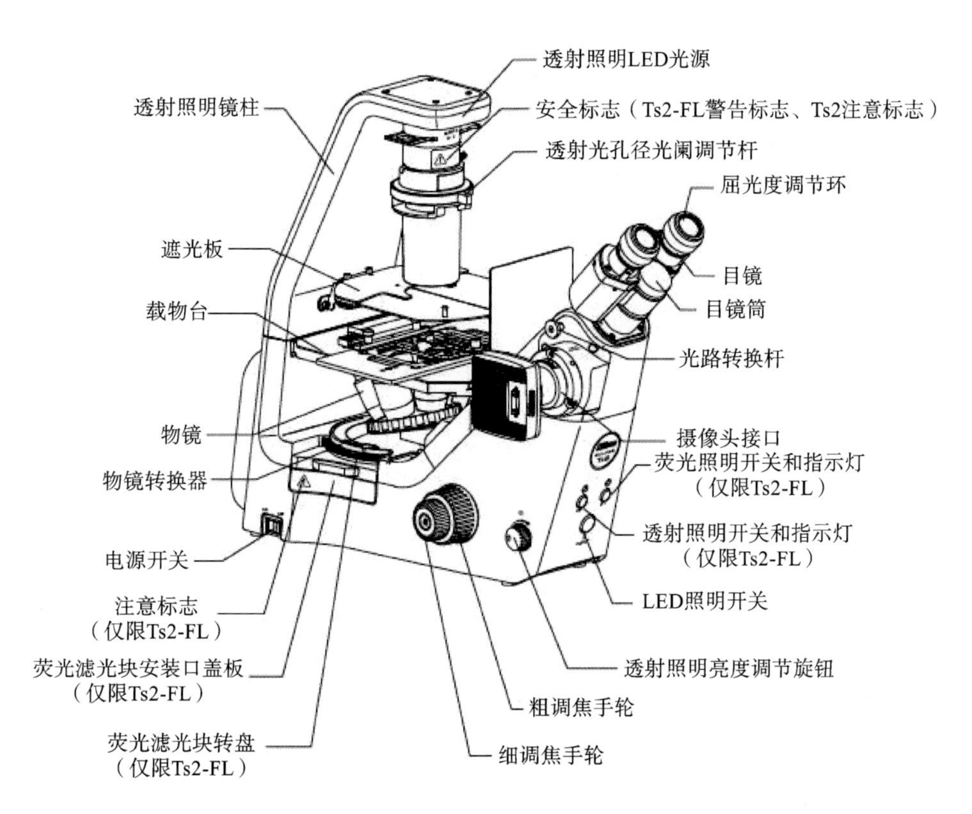

图 2-3 荧光显微镜的基本结构（尼康倒置显微镜 Ts2-FL 说明书）

(2)照明部分：

①透射照明：在载物台上部，由光源和聚光器组成。

②荧光照明：位于镜体底部后方，由三色 LED 光源组成。

(3)滤光片部分：

①滤光块转轮：一般有 4～6 个空位置，用于安装滤光块。

②滤光块：常用的有 UV、B、G 三个波段，或根据荧光染料来标记 DAPI、FITC 等。

(4)光学部分：

①目镜(eyepiece)：位于镜筒上方，常用 10×，也可选用 20×。

②物镜(objective)：装在物镜转换器上。同普通光学显微镜一样，一般有 3～5 个物镜可供选择。由于倒置显微镜通常用来观察活细胞，普通培养皿的底部厚度为1 mm，所以高倍物镜通常选用长工作距离的物镜，物镜上刻有“LWD”或

“ELWD”字样。

2)荧光显微镜的操作步骤

(1)基本操作步骤:

①开机:打开总电源,开关在主机的左侧后部。“I”为接通状态。“O”为关闭状态。此时位于前面板左面的透射光指示灯亮起,按下LED照明开关,如图2-3所示。如果LED照明开关处于关闭状态,即使总开关电源打开,也没有照明光。

②转动荧光滤光块转轮至空位上,进行透射光观察。

③调节透射光源亮度:调节机身左侧的投射照明亮度调节旋钮,直到光的亮度适宜为止。

④样品固定和调整焦距:将样品置于载物台上,注意要将样品正好放入载物台的玻片卡槽里。调节移动尺手轮将样品移动至视场中。首先转动粗调焦手轮,将物镜转换器调到最低,直到物镜不能调节为止。从侧面注视低倍镜,转动粗调焦手轮,使物镜慢慢上升,至物镜上端离标本底部5 mm左右;再从目镜中观察,转动粗调焦手轮使物镜徐徐下降,直到视野中出现标本的物像为止;再转动细调焦手轮,使物镜微微升降,调节距离,使样品像清晰。

⑤高倍镜的使用方法:依上法先用低倍镜找到样品,眼睛从侧面注视物镜,用手转动物镜转换器,使高倍物镜对准标本(如果操作正确,此时物镜与样品之间距离正好,不会碰到)。眼睛从目镜观测,同时只需轻轻转动细调焦手轮使镜台微微升降,即得到清晰的样品像。

(2)荧光观察:

①切换至荧光光源:按下透射照明开关按钮,在机身前面板右侧,如图2-3所示。

②选择荧光滤光块:根据样品所标记的染料转动荧光滤光块转轮选择合适的滤光块。从右侧观察滤光块标记,到合适位置时会有“咔哒”声。

③调节荧光光源亮度:调节机身右侧的光照亮度旋钮,使荧光强度适合观察。

④调整焦距:转动细调焦手轮,使物镜微微上下移动,使样品像清晰。

⑤样品观察记录:眼睛通过目镜观测,或用手机/专用相机拍照,分析荧光标记的位置及特点。

3. 注意事项

(1)调节透射光亮度时,请先置于最暗,然后慢慢调高亮度。切忌直接在亮度很强的情况下进行镜下观察,以免刺伤眼睛。

(2)由于荧光容易淬灭,请勿长时间以荧光光源照射样品。当不需要观察时将荧光光源亮度调到最低,或直接关闭荧光光源。

(3)在低倍镜未聚焦的情况下,切勿转动物镜转换器,以免高倍物镜碰到载物台底部,造成物镜划伤。

(4)擦拭显微镜物镜时必须用擦镜纸,切忌用其他硬质纸张或布等擦拭,以免造成镜面划伤。

(5)注意物镜的清洁,用完后用擦镜纸擦净,如果用过油镜,要用乙醚-乙醇混合液擦掉香柏油。

(6)使用油镜时,如果香柏油滴到其他地方,应及时擦干净。

五、思考题

(1)用荧光显微镜观察样品,操作时需要注意哪些方面?

(2)怎样防止荧光切片样品的荧光淬灭?

实验三　动物细胞的冻存与复苏

一、实验目的

(1)了解动物细胞的冻存与复苏的原理。

(2)掌握动物细胞的冻存与复苏的具体操作过程。

二、实验原理

细胞冻存技术是指将处于对数生长期,且状态良好的细胞以细胞冻存液为介质,通过逐级降温后,放入-80 ℃低温环境保存或者-196 ℃的液氮极低温环境中保存。此方法通过降低或阻止细胞代谢,但是又不导致细胞死亡来储存细胞,可保存细胞数月或数年。动物细胞冻存液可以是含血清和DMSO的商品,也可以用完全培养基与适量的冻存保护液(DMSO)配制。细胞冻存需遵从"慢冻"原则。采用"慢冻"方式,DMSO能够快速进入细胞降低冰点,同时增加细胞膜的通透性,并且细胞外介质(如血清)的渗透压高于细胞内渗透压,因此,缓慢冻存可均匀地减少细胞内水分,细胞内溶物浓度升高,延缓细胞内冰晶的形成,防止细胞内形成冰晶破坏细胞器、细胞膜等细胞结构,保证细胞结构的完整性。最佳冷冻速率为每分钟降低1℃。细胞复苏是将冻存的细胞进行解冻,重新恢复细胞生长、分裂等活性的过程。细胞复苏需快速进行,遵从"速融"原则,以防止形成大冰晶或重结晶而破坏细胞结构的完整性。

三、实验设备、材料与试剂

1. 实验设备

超净工作台、CO_2培养箱、倒置显微镜、离心机、水浴锅等。上述所有涉及细胞实验操作的器材均需进行灭菌处理。

2. 实验材料与试剂

材料：HEK293 细胞、冻存管、细胞培养皿、移液器（1000 μL、5 mL 等）、枪头（1000 μL、5 mL 等）、梯度降温盒。

试剂：磷酸盐缓冲液（PBS）、快速冻存液、完全培养基（90%DMEM 培养基+10% FBS）、二甲基亚砜（DMSO）、胰蛋白酶消化液（0.25%）。

四、实验方法

1. 实验内容

1）细胞冻存

（1）选取处于对数生长期的细胞，待细胞生长至汇合度为 90%时，无明显悬浮的死细胞且生长状态良好时可进行冻存。

（2）使用 1.5 mL PBS 清洗细胞 2 遍后，加入 1 mL 0.25%胰蛋白酶消化液对细胞进行消化（胰蛋白酶的量可根据培养皿大小进行调整），放入 CO_2 培养箱37 ℃消化3～5 min。

（3）取出培养皿观察细胞，看到细胞成片地从培养皿底脱落时则说明消化完成，再用移液枪加入 1 mL 完全培养基，并小心进行吹打，尽量保证将全部细胞从培养皿底冲洗下来，并将细胞悬液转移到新准备的离心管中。

（4）将上述细胞悬液在室温下进行离心（1000*g*，5 min）。

（5）弃去上清液，加入 1 mL 冻存液重悬细胞（若用自己配制的含 10% DMSO 的冻存液，需要提前配制），再将其转移至提前准备好的细胞冻存管中，标明具体时间、细胞类型及拥有人姓名。

（6）冻存步骤直接关系到细胞复苏时的活力，若用含 10% DMSO 的冻存液则需用梯度降温盒（先放在－80 ℃冰箱中过夜，随后转入液氮罐中储存），或者放在 4 ℃ 2 h，然后转到－20 ℃ 2 h、－80 ℃ 2 h，再放入液氮罐。若用快速冻存液，短时间保存可将细胞直接放在－80 ℃冰箱中，如需长时间保存则需要将细胞转移到液氮罐。

2)细胞复苏

(1)提前打开水浴锅,使其温度达到37 ℃。整个过程中将培养基放在水浴锅中进行预热。

(2)从−80 ℃冰箱或者液氮罐中取出装有细胞的冻存管,迅速放在37 ℃水浴锅中,可通过摇晃加快解冻速度,以防止解冻时的冰渣破坏细胞。

(3)待解冻后,用1 mL完全培养基与冻存管中的细胞悬液充分混合,并转移到新准备的离心管中。

(4)室温下进行离心(1000*g*,5 min)。

(5)弃去培养基上清液,用1 mL完全培养基将细胞沉淀进行重悬,再转移至含有10 mL左右完全培养基的培养皿中。

(6)沿不同方向缓慢平推培养皿分散细胞,再将其置于CO_2浓度为5%的37 ℃培养箱中培养。

(7)第二天可在显微镜下观察细胞的生长情况,并更换培养基,弃去一些死细胞。

2. 注意事项

(1)不同的细胞在冻存时应注意冻存时的细胞密度,如HEK293细胞冻存的活细胞密度应选择在$1\times10^6\sim1\times10^7$个/mL。

(2)细胞冻存的好坏可通过随机解冻一支后的复苏率来体现。

(3)细胞复苏时从−80 ℃冰箱或者液氮罐中将细胞取出后,一定要迅速将冻存管放到水浴锅中。

(4)在−80 ℃冰箱或者液氮罐中放置或取出冻存细胞时,需注意防护,防止被冻伤。

五、思考题

(1)细胞冻存与复苏实验中最关键的步骤是什么?

(2)为什么要进行“慢冻速融”?请具体说明原因。

实验四　动物细胞传代培养

动物细胞传代培养操作视频

动物细胞传代培养虚拟仿真操作

一、实验目的

(1)了解动物细胞传代培养的方法及操作过程。

(2)学习观察体外培养细胞的形态及生长状况。

二、实验原理

体外培养的原代细胞或细胞株要在体外持续地培养就必须传代，以便获得稳定的细胞株或得到大量的同种细胞，并维持细胞种的延续。培养的细胞形成致密单层以后，由于密度过大生存空间不足而引起营养枯竭。将培养的细胞分散，从容器中取出，以 1∶2、1∶3 或更高的比例转移到另外的容器中进行培养，即为传代培养。

细胞传代培养必须满足两个基本要求：需供给细胞存活所必需的营养条件，如适量的水、无机盐、氨基酸、维生素、葡萄糖及其有关的生长因子、氧气、适宜的温度等；需严格控制无菌条件。

三、实验设备、材料与试剂

1. 实验设备

镊子、灭菌枪头、细胞培养瓶、显微镜、酒精灯、酒精棉球、标记笔等。

2. 实验材料与试剂

材料：HeLa 细胞。

试剂：磷酸盐缓冲液(PBS)、胰蛋白酶消化液、DMEM 液(含 10%胎牛血清以及 1%双抗)。

四、实验方法

1.实验流程图

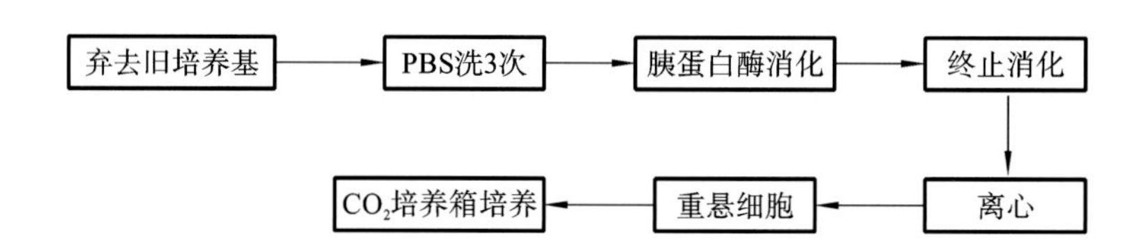

2.实验内容

1)观察细胞

在做传代细胞培养之前，首先将培养瓶置于显微镜下，观察培养瓶中细胞是否已长成致密单层，如已长成，即可进行细胞的传代培养。

注意:不要在有菌环境中将培养皿打开!

2)洗细胞

用移液枪吸弃培养皿中的培养基，加入1.5 mL PBS，轻轻摇动，将溶液吸出，再次加入1.5 mL PBS，轻轻摇动，将溶液吸出，再重复此步骤1次。

3)消化

加入0.75 mL 0.25%胰蛋白酶消化液，37 ℃培养箱中消化3～4 min(注意看细胞是否脱落)，加入0.75 mL培养基终止消化，反复轻轻吹打至细胞全部脱落。

4)重悬细胞

将细胞悬液转移到新的离心管中，1000 r/min离心10 min，吸弃上清液(注意不要吸到沉淀)，将细胞重悬于1.5 mL培养液中，然后在新的培养瓶中加入3 mL培养液，将细胞悬液转移到新培养瓶中。

5)培养细胞

在培养瓶上标注细胞代号、日期、操作者姓名。轻轻在台面上晃动培养瓶使细胞均匀分布,以免堆积成团。将培养瓶置于 37 ℃ CO_2 培养箱中培养。24 h 或者48 h后观察细胞生长状态。

6)观察细胞

(1)观察的重点如下:

①首先要观察培养细胞是否污染。主要观察培养液颜色的变化和浑浊度,以及细胞是否生长。

②如果培养液变为柠檬黄色又显浑浊,则表明细胞可能被污染了。

③如细胞已生长,则要观察细胞的形态特征并判断其所处的生长阶段。

(2)细胞的生长阶段及其形态特征:传代培养的细胞需逐日进行观察,注意细胞有无污染,培养液颜色的变化及细胞生长的情况。一般体外培养的细胞,从培养开始,会经过生长、繁殖、衰老及死亡的全过程。它是一个连续的生长过程,但为了观察及描述方便,人为地将其分为 5 个时期,但各期之间无明显的绝对界限。

①游离期:当细胞经消化分散成单个细胞后,由于细胞原生质的收缩相表面张力以及细胞膜的弹性,此时细胞多为圆形,折光率高,此期可延续数小时。

②吸附期(贴壁期):由于细胞的附壁特性,细胞悬液静置培养一段时间(7～8 h)后,便附着在瓶壁上(此期不同细胞所需时间不同)。在显微镜下观察时可见瓶壁上有各种形态的细胞,如圆形、扁形、短菱形。细胞的特点:大多立体感强,细胞内颗粒少,透明。

③繁殖期:培养 12 h 以后直到 72 h,细胞进入繁殖期,细胞生长和分裂加速。此期包括由几个细胞形成的细胞岛(即由少数细胞紧密聚集而呈现的孤立细胞群,常散在地分布在瓶壁上)到细胞铺满整个瓶壁(即形成细胞单层)的过程。此期细胞形态为多角形(呈现上皮样细胞的特征)。细胞的特点:透明,颗粒较少,细胞间界限清楚,并隐约可见细胞核。

④维持期:当细胞形成良好单层后,细胞的生长与分裂都减缓,并逐渐停止生长,这种现象称为细胞生长的接触抑制。此时细胞界限逐渐模糊,细胞内颗粒逐渐

增多，且透明度降低，立体感较差。由于代谢产物的不断积累，培养液逐渐变酸。此时培养液已变为橙黄色或黄色。

⑤衰退期：由于溶液中营养的减少和细胞日龄的增长，以及代谢产物的积累等因素，此时细胞间可出现空隙，细胞内颗粒进一步增多，透明度更低，立体感很差。若将细胞经固定染色处理后，可见细胞中有大而多的脂肪滴及液泡。最后，细胞皱缩，逐渐死亡，从瓶壁上脱落下来。

3. 注意事项

(1)在无菌操作中，一定要保持工作区的无菌清洁。

(2)操作时，严禁用手直接拿无菌的物品，而要用器械(如镊子)去取。

(3)进行细胞操作时动作要轻。

(4)不要从敞开的容器口上方经过，以避免衣服上掉落不明物体对细胞造成污染。

五、思考题

(1)细胞传代培养的操作中，注意事项有哪些？

(2)细胞传代培养获得成功的关键要素是什么？

(3)简述体外培养细胞的形态特征及其生长阶段。

实验五 动物活细胞鉴别与计数

一、实验目的

(1)了解台盼蓝染色的原理和方法。

(2)了解区分细胞存活状态的方法。

(3)掌握细胞计数的方法。

二、实验原理

在细胞培养工作中,常需要了解细胞生活状态和鉴别细胞死活,确定细胞接种浓度和数量,以及了解细胞存活率和增殖度,如用酶消化制备的细胞悬液中细胞活力的鉴别和冻存细胞复苏后的活力检测等。细胞悬液制备后,常用活体染料台盼蓝对细胞进行染色,进行活细胞计数。正常的活细胞,细胞膜结构完整,能够排斥台盼蓝,使之不能进入细胞内;而丧失活性或细胞膜不完整的细胞,细胞膜的通透性增加,可被台盼蓝染成蓝色,通常认为细胞已经死亡。因此,借助台盼蓝染色可以非常简便、快速地区分活细胞和死细胞。台盼蓝染色是组织和细胞培养中常用的死细胞鉴定染色方法之一。细胞计数一般用血细胞计数板,按白细胞计数方法进行计数,以便于确定细胞的生活状况。

三、实验设备、材料与试剂

1. 实验设备

普通光学显微镜、细胞计数板等。

2. 实验材料与试剂

材料:Hela 细胞。

试剂:0.4%台盼蓝溶液、无水乙醇或95%乙醇溶液、脱脂棉。

四、实验方法

1. 实验流程图

2. 实验方法

(1)计数板处理:用无水乙醇或95%乙醇溶液擦拭计数板后,用绸布擦净,另擦净盖玻片一张,把盖玻片覆在计数板上面。

(2)染色:用滴管吸取0.4%台盼蓝溶液,按1∶1的比例加入细胞悬液中。从计数板边缘缓缓滴入细胞悬液,使之充满计数板和盖玻片之间的空隙中。注意不要使液体流到旁边的凹槽中或带有气泡,否则要重做。稍候片刻,将计数板放在低倍镜下(10×10倍)观察计数。

(3)计数方法:计算计数板的四角大方格(每个大方格又分为16个小方格)内的细胞数。计数时,只计数完整的细胞,若细胞聚成一团则按一个细胞进行计数。在一个大方格中,如果有细胞位于线上,一般计下线细胞不计上线细胞,计左线细胞不计右线细胞。两次重复计数误差应在5%范围内。显微镜下观察,凡折光性强而不着色者为活细胞,染上蓝色者为死细胞。

(4)计数的换算:计完数后,需换算出每毫升细胞悬液中的细胞数。由于计数板中每一大方格的面积为0.01 cm^2,高为0.01 cm,这样它的体积为0.0001 cm^3,即0.1 mm^3。由于1 mL=1000 mm^3,所以每一大方格内细胞数×10000即为每毫升细胞悬液中细胞数,故可按下式计算:

细胞悬液中的细胞数(/mL)=4个大方格细胞总数/4×10000

如计数前已稀释,需再乘稀释倍数。

计数细胞后,计算细胞悬液浓度并求出存活与死亡细胞所占的比例。

3. 注意事项

染色时间不能太长,否则活细胞也会逐渐积累染料而被染上颜色,使检测结果偏低。

五、思考题

(1)用台盼蓝染细胞时,哪些因素会影响染色效果?

(2)如果染色时间过长,会观察到什么现象?

实验六　动物细胞转染

一、实验目的

(1)了解外源基因进入细胞的几种方法。

(2)掌握脂质体介导的瞬时转染技术。

二、实验原理

转染是指将外源基因导入细胞内的一种技术。外源基因进入细胞主要有4种方法:电击法、磷酸钙法、脂质体介导法和病毒介导法。电击法是在细胞上短时间暂时性地穿孔让外源基因进入;磷酸钙法和脂质体介导法是利用不同的载体物质携带外源基因,通过直接穿膜或者膜融合的方法使得外源基因进入细胞;病毒介导法是利用包装了外源基因的病毒感染细胞的方法使其进入细胞。理想的细胞转染方法应该具有转染效率高、细胞毒性小等优点,但是电击法和磷酸钙法的实验条件控制较严、难度较大,而病毒介导法的前期准备较复杂,而且可能对于细胞有较大影响,所以现在对于很多普通细胞系,一般的瞬时转染多采用脂质体介导法。

三、实验设备、材料与试剂

1. 实验设备

超净工作台、CO_2培养箱、观察用倒置显微镜、荧光显微镜、离心机、移液器(10 μL、100 μL、1000 μL)等。

2. 实验材料与试剂

材料:HEK293细胞、细胞培养用六孔板、15 cm^2培养瓶、1.5 mL无菌离心管、5 mL无菌离心管、无菌移液管、血细胞计数板等。

试剂:DMEM细胞培养基、Opti-MEM培养基、青霉素链霉素混合液、胎牛血清、胰蛋白酶消化液、PBS 缓冲液、Lipofectamine 2000 等。

四、实验方法

1. 实验流程图

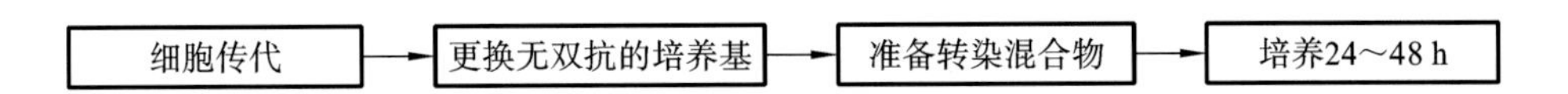

2. 实验内容

1)细胞传代(以六孔板为例)

(1)在显微镜下观察细胞长成致密的单层后即可进行传代培养。

(2)弃去培养瓶中原来的培养基,用 2 mL PBS 缓冲液清洗细胞 2 遍。

(3)加 1 mL 胰蛋白酶消化液,将细胞放置在 CO_2 培养箱中消化 2 min。不同细胞的消化时间略有差异,可在消化 1 min 时用手轻拍培养瓶壁,肉眼观察细胞是否脱落,若大部分细胞都未脱落,说明消化时间不够;若观察到大部分细胞从培养瓶壁上脱落下来,则进行下步操作。

(4)加 1 mL 含胎牛血清的培养基终止消化。

(5)用枪头多次、轻轻地吹吸,使细胞完全从培养瓶壁上脱落并分散开。

(6)将上述细胞悬液转入 5 mL 无菌离心管中,1000 r/min 离心 5 min 后加入 1 mL新的培养基重悬细胞。

(7)取含有 20 万～60 万个细胞的上述细胞悬液接种到六孔板内,轻轻晃动六孔板,使细胞均匀分布。

(8)将培养皿放入 CO_2 培养箱中培养,第 2 天转染。

2)细胞转染(以 Lipofectamine 2000 为例)

(1)在进行转染前半小时,将培养有细胞的六孔板每孔换成新鲜的培养基(含血清,但不含抗生素)。

(2)对于待转染六孔板中每一个孔的细胞,准备 2 个 1.5 mL 无菌离心管,分别加入 125 μL Opti-MEM 培养基，然后于其中一管内加入 2 μg 质粒 DNA，并用移液枪轻轻吹打混匀，另一管加入 4 μL Lipofectamine 2000，用移液枪轻轻吹打混匀，室温下放置 5 min。

(3)5 min 后将含有质粒 DNA 的培养液轻轻用移液枪加到含 Lipofectamine 2000 转染试剂的培养液中，用移液枪轻轻吹打混匀，室温下放置 15 min。

(4)将上述混合培养液均匀滴加到整个孔内，随后轻轻晃动六孔板进行混匀。

(5)6～8 h 后移除混合液，换新鲜培养液继续培养 24～48 h。

3. 注意事项

(1)细胞转染时应状态良好，且细胞密度最好达到 60%～90%，过稀或过密都会影响转染效率。

(2)质粒 DNA 用量(μg)和转染试剂用量(μL)为 1∶2 比较常用，最佳转染条件因不同细胞类型和培养条件而定，可在上述推介范围内进行优化。

(3)应使用高纯度、无菌、无污染的质粒进行转染，DNA 纯度方面 A_{260}/A_{280} 比值在 1.8～1.9 范围内较好，偏低则有可能存在蛋白质污染，偏高则可能存在 RNA 污染。

五、思考题

(1)如果转染效率低，主要原因可能有哪些?

(2)转染后细胞死亡较多的原因可能是什么?

实验七 动物细胞体外融合

一、实验目的

(1)了解聚乙二醇(PEG)诱导体外细胞融合的基本原理。

(2)通过 PEG 诱导细胞之间的融合实验,初步掌握细胞融合的基本方法。

二、实验原理

细胞融合又称体外细胞杂交,是指用人工方法使两个或两个以上的体细胞融合成异核体细胞,随后异核体细胞同步进入有丝分裂,核膜崩溃,来自两个亲本细胞的基因组合在一起形成只含有一个细胞核的杂种细胞。细胞融合技术是研究细胞遗传、基因定位、细胞免疫、病毒和肿瘤的重要手段。依据融合过程采用助融剂的不同,细胞融合可分为四种:①病毒诱导的细胞融合,如仙台病毒;②化学因子诱导的细胞融合,如 PEG;③电场诱导的细胞融合;④激光诱导的细胞融合。

PEG 是乙二醇的多聚合物,存在一系列不同分子质量的多聚体。PEG 可改变各类细胞的膜结构,使两个细胞接触点处脂类分子发生疏散和重组,引起细胞融合。该方法应用相对分子质量为 400～6000 的 PEG 溶液引起细胞的聚集和粘连,产生高频率的细胞融合。融合的频率和活力与所用 PEG 的分子质量、浓度、作用时间、细胞的生理状态与密度等有关。

三、实验设备、材料与试剂

1. 实验设备

离心管、离心机、水浴锅、显微镜等。

2. 实验材料与试剂

材料:Hela 细胞。

试剂：

(1)0.25%胰蛋白酶溶液。

(2)GKN液：

NaCl　8.0 g

KCl　0.4 g

$Na_2HPO_4 \cdot 2H_2O$　1.77 g

$NaH_2PO_4 \cdot H_2O$　0.69 g

葡萄糖　2.0 g

酚红　0.01 g

H_2O　1000 mL

(3)50%(m/V)PEG溶液：取一定量的PEG 4000沸水浴融化，冷却至50～60 ℃，加入等体积预热至50～60 ℃的GKN液，混匀，置于37 ℃水浴锅中备用。

(4)D-Hanks溶液：

NaCl　8.0 g

KCl　0.4 g

$Na_2HPO_4 \cdot 2H_2O$　0.06 g

KH_2PO_4　0.06 g

$NaHCO_3$　0.35 g

葡萄糖　1.0 g

酚红　0.01 g

H_2O　1000 mL

四、实验方法

1. 实验流程图

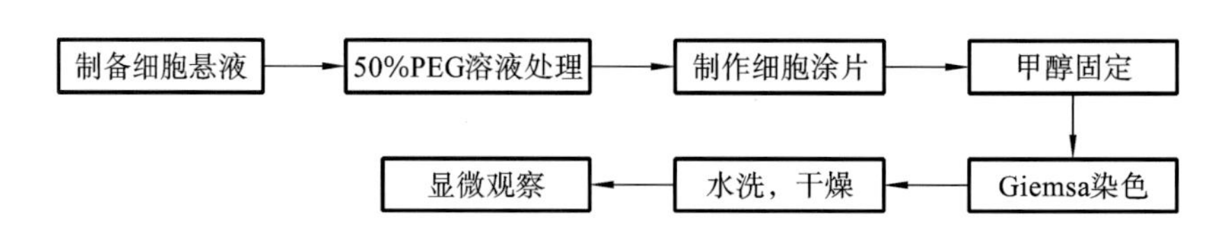

2. 实验方法

(1)用 0.25% 胰蛋白酶消化法收集贴壁培养的 Hela 细胞，1500 r/min 离心 5 min。

(2)弃上清液，加入 D-Hanks 溶液制成细胞悬液，再离心一次，以洗去残留血清。

(3)弃上清液后保留下层细胞及少量上清液约 0.1 mL，轻弹离心管下方，使之成为细胞悬液，加入适量 D-Hanks 溶液调整细胞浓度至约 10^6 个/mL，取 5 mL 备用。

(4)逐滴加入 37 ℃的 50% PEG 溶液 0.5 mL，边加边摇匀细胞悬液，90 s 内加完。

(5)随即缓慢加入 5 mL D-Hanks 溶液以稀释终止 PEG 作用，边加边摇离心管。

(6)然后静置于 37 ℃水浴 5 min，取出离心管，1000 r/min 离心 3 min。

(7)弃上清液，再加入 2 mL D-Hanks 溶液混匀后制成细胞悬液。

(8)取少量细胞悬液于载玻片上制成细胞涂片，迅速干燥，将细胞涂片置于甲醇中固定10 min，取出后晾干，Giemsa 染液染色 5～8 min，水洗，干燥，于显微镜下观察细胞融合情况(图 7-1)。

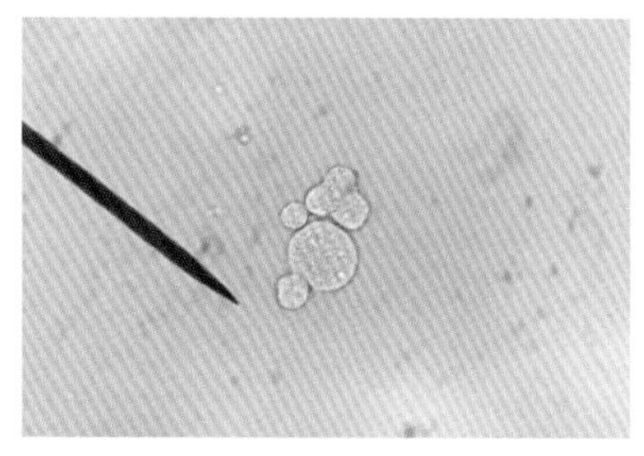

(a) 初步融合

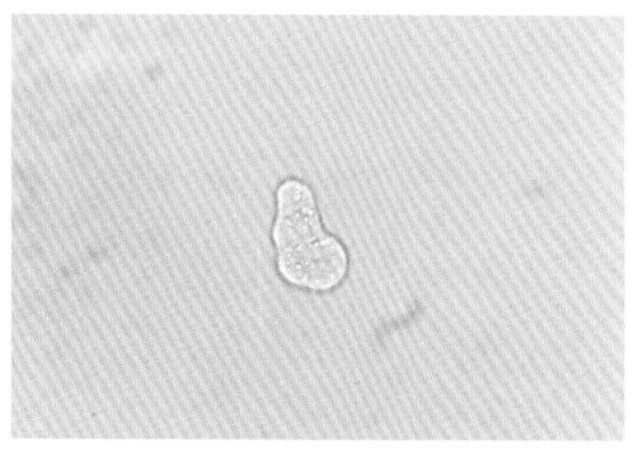

(b) 充分融合

图 7-1　Hela 细胞融合结果图

3.注意事项

(1)PEG 处理时间不宜过长，不能超过 90 s，否则会有多个细胞彼此融合形成巨大的合胞体，或者细胞膜破裂导致细胞质外泄。

(2)PEG 应该在 37℃水浴中加入，这样可以防止因 PEG 凝固，导致离心失败。

(3)经 PEG 处理后加液混匀时应轻轻吹打，以免刚刚融合的细胞分开。

五、思考题

(1)细胞融合实验的关键步骤有哪些?

(2)如果观察到细胞融合率很小可能的因素是什么?

实验八 植物组织培养

一、实验目的

(1)掌握植物组织培养技术。

(2)了解不同激素对细胞的不同诱导作用。

二、实验原理

植物组织培养是20世纪60年代以来植物细胞生物学中发展起来的一项生物技术。它是借用无菌操作方法,培养植物的离体器官、组织或细胞,使其在人工合成的培养基上,通过细胞的分裂、增殖、分化、发育,最终长成完整的再生植株。

植物组织培养技术的研究,不仅具有重大的理论意义,而且在生产实践中已显示了广阔的应用前景。组织分化与形态建成问题,快速繁殖与去除病毒,花药培养与单倍体育种,幼胚培养与试管授精,抗体突变体的筛选与体细胞无性系变异,悬浮细胞培养与次生物质生产以及超低温种质保存等方面的深入研究与实际应用,都必须借助植物组织培养技术,以及深刻理解植物细胞的全能性。

三、实验设备、材料与试剂

1. 实验设备

高压灭菌锅、超净工作台、烘箱、培养箱或培养室、镊子、解剖针、接种针、锡箔纸、玻璃铅笔或记号笔、橡皮筋、试剂瓶(50 mL、100 mL、1000 mL)、三角瓶(100 mL)、刻度吸管(0.5 mL、1 mL、5 mL、10 mL)、培养皿(直径9～11 cm)等。

2. 实验材料与试剂

材料:植物材料。

试剂:

(1)培养液(表 8-1)。

(2)70%、95%乙醇。

(3)0.1%升汞溶液。

注意:升汞有毒!切勿滴到裸露的皮肤上。

四、实验方法

1.实验流程图

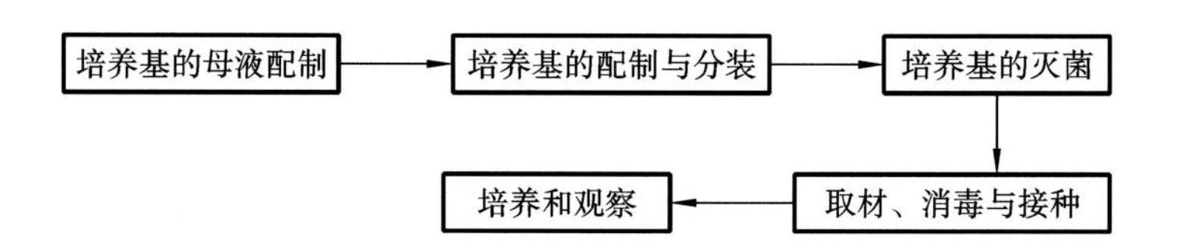

2.实验内容

1)培养基的母液配制

配制培养基前先要配制母液。母液分大量元素、微量元素、铁盐及有机物质四类。各类成分浓度、用量详见表 8-1。

表 8-1 MS 培养基的母液配制

类别	成分	称取量/mg	母液体积/mL	扩大倍数	配 1 L 培养基的吸取量/mL
大量元素	KNO_3	19000	1000	10	100
	NH_4NO_3	16500			
	$MgSO_4 \cdot 7H_2O$	3700			
	KH_2PO_4	1700			
	$CaCl_2 \cdot 2H_2O$	4400			

续表

<table>
<tr><th>类别</th><th>成分</th><th>称取量/mg</th><th>母液体积/mL</th><th>扩大倍数</th><th>配 1 L 培养基的吸取量/mL</th></tr>
<tr><td rowspan="7">微量元素</td><td>$MgSO_4 \cdot 4H_2O$</td><td>2230</td><td rowspan="7">1000</td><td rowspan="7">100</td><td rowspan="7">10</td></tr>
<tr><td>$ZnSO_4 \cdot 7H_2O$</td><td>860</td></tr>
<tr><td>H_3BO_3</td><td>620</td></tr>
<tr><td>KI</td><td>83</td></tr>
<tr><td>$Na_2MoO_4 \cdot 2H_2O$</td><td>25</td></tr>
<tr><td>$CuSO_4 \cdot 5H_2O$</td><td>2.5</td></tr>
<tr><td>$CoCl_2 \cdot 6H_2O$</td><td>2.5</td></tr>
<tr><td rowspan="2">铁盐</td><td>Na_2-EDTA</td><td>3725</td><td rowspan="2">1000</td><td rowspan="2">100</td><td rowspan="2">10</td></tr>
<tr><td>$FeSO_4 \cdot 7H_2O$</td><td>2785</td></tr>
<tr><td rowspan="5">有机物质</td><td>甘氨酸</td><td>100</td><td rowspan="5">1000</td><td rowspan="5">100</td><td rowspan="5">10</td></tr>
<tr><td>盐酸硫胺素</td><td>20</td></tr>
<tr><td>盐酸吡哆素</td><td>25</td></tr>
<tr><td>烟酸</td><td>25</td></tr>
<tr><td>肌醇</td><td>5000</td></tr>
</table>

(1)大量元素母液(10 倍液):分别称取 10 倍用量的各种大量无机盐,依次溶解于大约 800 mL 热的(60～80 ℃)蒸馏水中。一种成分完全溶解后再加入下一种,最后加水定容至 1000 mL 后装入试剂瓶中,置于冰箱内储存备用。

(2)微量元素母液(100 倍液):分别称取 100 倍用量的微量无机盐,依次溶解于 800 mL 重蒸水中,加水定容至1000 mL。

(3)铁盐母液(100倍液):称取100倍用量的Na_2-EDTA(乙二胺四乙酸钠)和$FeSO_4 \cdot 7H_2O$溶于800 mL重蒸水中,最后定容到1000 mL。

(4)有机物质母液(100倍液):分别称取50倍用量的各种有机物质,依次溶解于400 mL重蒸水中,定容至1000 mL,装入棕色试剂瓶中,置于冰箱内储存备用。

除了上述四种母液外,培养基中经常附加的生长素和细胞分裂素也要配成母液储存,临用时按浓度定量吸取加入。

(5)生长素:常用的生长素有2,4-D、IAA、NAA等。准确称取20 mg,先用2 mL 95%乙醇溶解,然后加水定容至20 mL,浓度为1 mg/mL,再放置于冰箱内储存备用。

(6)细胞分裂素:常用的细胞分裂素有激动素(KT)、6-苄基腺嘌呤(6-BA)。准确称取20 mg,先用2 mL的1 mol/L HCl或NaOH溶解,然后加水,定容至20 mL,浓度为1 mg/mL,再放置于冰箱内储存备用。

2)培养基的配制与分装

(1)取1000 mL烧杯一只,加入一定量的蒸馏水,然后加大量元素10倍母液100 mL、微量元素100倍母液10 mL、铁盐100倍母液10 mL、有机物质100倍母液10 mL。此外,根据培养材料和实验目的还要附加一定量的生长素、细胞分裂素及蔗糖等,再加水至1000 mL,待蔗糖充分溶解后用1 mol/L的NaOH或HCl调至pH 5.8,最后加入琼脂粉6.5 g,如用琼脂条,则要加8 g。

(2)将盛有培养基的烧杯放入高压灭菌锅中,上盖牛皮纸一张,盖上高压灭菌锅盖,蒸煮半小时左右,待琼脂完全溶解后取出,分装到培养用三角瓶中,每只100 mL三角瓶约装40 mL培养基。分装时要避免把培养基倒在瓶口上,否则培养时容易引起杂菌污染。

(3)把锡箔纸裁成适当大小的长方形,背靠背折起来,使其成正方形,紧密裹在瓶口上,随后便可进行灭菌。

培养基的种类和附加成分是根据培养物的种类、外植体的来源以及具体的实验目的和要求来确定的。培养基中附加的蔗糖浓度均为3%。

3)培养基的灭菌

把装好培养基的三角瓶放入高压灭菌锅中，盖好锅盖，关闭放气阀和安全阀，接通电源，进行加温，当锅内压力达到 3×10^4 Pa 时打开放气阀，放气 5 min，使锅内冷空气完全排出。关上放气阀，等气压升到 9.9×10^4 Pa 时，在 $9.9\times10^4\sim1.3\times10^5$ Pa下高压灭菌 15～20 min。断开电源，等高压灭菌锅压力降下来后打开放气阀，使锅内蒸汽完全放出，打开锅盖，取出三角瓶，置室温下备用。

4)取材、消毒与接种

(1)取材与消毒：选取无病、无虫、生长植物茎叶，带回实验室后用自来水冲洗干净，剪下叶片，投入 300 mL 带塞磨口三角瓶中。打开超净工作台，在超净工作台内向瓶内加入少量 70%乙醇，轻轻摇动 15～30 s，倒出乙醇，加入 0.1%升汞溶液。浸泡消毒10 min，倒去升汞溶液，用无菌水洗 3～4 次，彻底清除残留叶面和瓶内的升汞溶液。

(2)接种：先用肥皂洗手，穿上工作服，戴上口罩和工作帽，再用新洁尔灭或70%乙醇浸泡过的棉球擦净工作台的台面。放入培养瓶和接种工具，接种用的镊子、解剖刀、接种针及培养皿等可事前放入，点燃酒精灯，用酒精棉球擦拭手。把镊子、解剖刀、接种针等插入盛 70%乙醇的广口瓶中。

用镊子把叶片夹入培养皿内的吸水纸上，吸干水珠，把叶片切成 3 mm×5 mm 大小的小片，打开三角瓶，把小叶片投入瓶内，用接种针拨匀，重新盖上锡箔纸，扎上橡皮筋。用记号笔在瓶壁上写明培养材料、培养基代号，标明接种日期。

全部接种工作都是在严格无菌条件下进行的，所以要特别认真、仔细，以防杂菌污染。

5)培养和观察

接种完毕后取出培养瓶，置于 26～28 ℃恒温培养箱室内，在光照条件下培养，定期进行观察。如有污染则弃之，培养 3～4 周后观察实验结果。

3.注意事项

(1)升汞溶液有剧毒，使用时务必小心，切勿滴到裸露的皮肤上。

(2)使用的接种工具、器皿、培养基等都必须经过高温高压灭菌。

(3)严格按照无菌操作进行实验操作。

(4)超净工作台使用前进行紫外灯消毒 20 min,接种者要清洁双手后用 70%酒精棉球对手进行消毒。

五、思考题

(1)计算接种成功率(指没被污染的叶片数占总叶片数的百分比)和诱导成功率(指诱导出细胞的叶片数占总叶片数的百分比)。如果没有添加植物激素结果又会怎样?为什么?

(2)人工条件下培养的植物离体器官、组织或细胞,经过分裂、增殖、分化、发育,最终长成完整植株的过程说明了什么问题?

实验九 植物原生质体的制备与培养

一、实验目的

掌握植物原生质体制备与培养的基本方法，并对结果进行初步观察。

二、实验原理

原生质体是除去细胞壁的裸露细胞，在适宜的培养条件下，分离的原生质体能合成新细胞壁，进行细胞分裂，并再生成完整的植株。

植物的幼嫩叶片、子叶、下胚轴、未成熟果肉、花粉四分体、培养的愈伤组织和悬浮培养细胞均可作为分离原生质体的材料。

分离原生质体常采用酶解法，即根据由纤维素酶、果胶酶和半纤维素酶配制的溶液对细胞壁成分的降解作用，从而使原生质体释放出来。原生质体的产率和活力与材料来源、生理状态、酶液的组成以及原生质体收集方法等有关。酶液通常需要保持较高的渗透压，以使原生质体在分离前处于质壁分离状态，分离之后不致膨胀破裂。渗透剂常用的有甘露醇、山梨醇、葡萄糖或蔗糖。酶液中还应含有一定量的钙离子来稳定原生质膜。游离出来的原生质体可用过筛-低速离心法收集，用蔗糖漂浮法纯化，然后进行培养。

三、实验设备、材料与试剂

1. 实验设备

高压灭菌锅、超净工作台、烘箱、培养箱或培养室、离心机、倒置显微镜、普通光学显微镜、血细胞计数板、石蜡膜带等。

2. 实验材料与试剂

材料：植物幼嫩叶片或愈伤组织。

试剂：

(1)70%乙醇。

(2)0.1%升汞溶液，并滴加少许 Tween 80。

(3)0.16 mol/L 和 0.20 mol/L $CaCl_2$溶液，并加有 0.1%MES(2-(N-吗啉基)乙磺酸)，pH 5.8～6.2，高压灭菌后备用。

(4)20%和 12%蔗糖溶液，pH 5.8～6.2，高压灭菌后备用。

(5)酶液 A：

纤维素酶	2%
果胶酶	1%
甘露醇	0.6 mol/L
$CaCl_2$	0.05 mol/L
MES	0.1%
pH	5.8～6.2

过滤除菌。

(6)酶液 B：

纤维素酶	2%
离析酶	1%
半纤维素酶	0.2%
甘露醇	0.4 mol/L
$CaCl_2$	0.05 mol/L
MES	0.1%
pH	5.8～6.2

过滤除菌。

(7)灭菌蒸馏水。

(8)DPD 培养基(表 9-1)：过滤除菌。

表 9-1 DPD 培养基

成分	含量/(mg/L)	成分	含量/(mg/L)
NH_4NO_3	270	KI	0.25

续表

成分	含量/(mg/L)	成分	含量/(mg/L)
KNO_3	1480	烟酸	4
$MgSO_4 \cdot 7H_2O$	340	盐酸吡哆辛	0.7
$CaCl_2$	570	盐酸硫胺素	4
KH_2PO_4	80	肌醇	100
$FeSO_4 \cdot 7H_2O$	27.8	叶酸	0.4
Na_2-EDTA	37.3	甘氨酸	1.4
$MnSO_4 \cdot H_2O$	5	生物素	0.04
$Na_2MoO_4 \cdot 2H_2O$	0.1	蔗糖	2000
H_3BO_3	2	甘露醇	0.3 mol/L
$ZnSO_4 \cdot 7H_2O$	2	2,4-D	1
$CuSO_4 \cdot 5H_2O$	0.015	激动素	0.5
$CoCl_2 \cdot 6H_2O$	0.01	pH	5.8

(9)C81V 培养基(表 9-2):过滤除菌。

表 9-2　C81V 培养基

成分	含量/(mg/L)	成分	含量/(mg/L)
NH_4NO_3	1000	烟酸	1
柠檬酸铵	100	盐酸吡哆辛	1
尿素	100	盐酸硫胺素	10
$MgSO_4 \cdot 7H_2O$	250	肌醇	200
$CaCl_2$	400	叶酸	1
KH_2PO_4	100	水解乳蛋白	500
$NaHCO_3$	150	甘氨酸	10

续表

成分	含量/(mg/L)	成分	含量/(mg/L)
$FeSO_4 \cdot 7H_2O$	27.8	谷氨酰胺	100
Na_2-EDTA	37.3	色氨酸	10
$MnSO_4 \cdot H_2O$	10	胱氨酸	10
KI	0.75	蛋氨酸	5
$CoCl_2 \cdot 6H_2O$	0.025	胆碱	10
$ZnSO_4 \cdot 7H_2O$	2	葡萄糖	0.38 mol/L
$CuSO_4 \cdot 5H_2O$	0.025	玉米素	0.1
H_3BO_3	3	萘乙酸	0.2
$Na_2MoO_4 \cdot 2H_2O$	0.25	pH	5.8

(10)0.1%酚藏花红溶液(配在 0.4 mol/L 甘露醇中)。

(11)0.01%荧光增白剂溶液(配在 0.3 mol/L 甘露醇中)。

(12)0.4 mol/L 甘露醇。

(13)0.3 mol/L 甘露醇。

四、实验方法

1. 叶肉原生质体的分离与培养

1)实验流程图

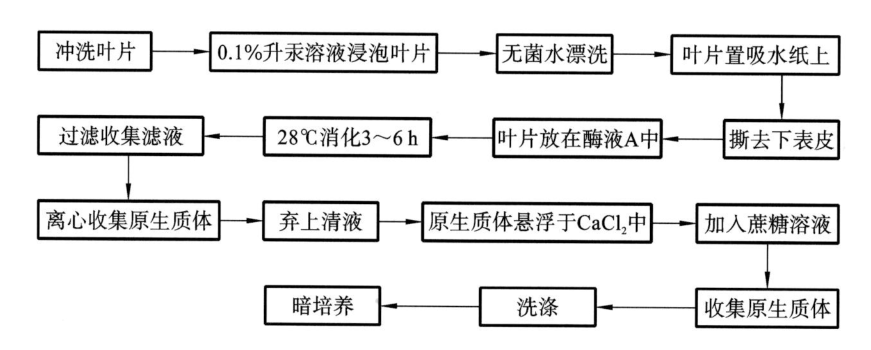

2)实验内容

(1)将叶片用自来水冲洗干净。以下步骤均在超净工作台上进行。

(2)将叶片在0.1%升汞溶液中浸泡灭菌约10 min,中间摇动几次。取出后用无菌水漂洗5次。

(3)将叶片转入大培养皿中,用吸水纸吸去表面的水珠,然后将叶背面朝上,小心地用镊子撕去下表皮。

(4)然后将叶片放进装有含2%纤维素酶和1%果胶酶的酶液的培养皿或带盖的三角瓶中,每10 mL酶液约放2 g叶子。若叶片不易撕下下表皮,可用锋利的解剖刀将叶片切成约0.5 mm宽的小条,放入酶液。

(5)将培养皿用石蜡膜带封口,在28 ℃下保温3～6 h,中间轻摇2～3次,在倒置显微镜下检查,直到产生足够的原生质体。

(6)将酶解后的原生质体悬液用不锈钢网筛过滤到小烧杯中,以去除未酶解完全的组织。

(7)将滤液分装到刻度离心管中,以600 r/min的速度离心5 min,沉淀原生质体。

(8)用移液管吸弃上清液,将沉淀重新悬浮在0.2 mol/L的$CaCl_2$溶液中。

(9)用装有长针头的注射器向离心管底部缓缓注入20%蔗糖溶液6 mL,以600 r/min离心5 min。此步骤完成后,在两相溶液的界面之间将出现一层纯净的完整原生质体带,杂质和碎片将沉淀到管底。

(10)用注射器吸出管底杂质、下部的蔗糖溶液及上部的$CaCl_2$溶液。

(11)用8 mL 0.2 mol/L $CaCl_2$重悬原生质体,离心5 min,吸出上清液,同样地再用培养基洗涤1次。

(12)最后将收集到的原生质体悬浮在适量的DPD培养基中,将其密度调整到5×10^4个/mL左右(可用血细胞计数板统计原生质体的密度),分装于培养皿中,每皿2 mL,用石蜡膜带封口,于26 ℃左右进行暗培养。

2.愈伤组织原生质体的分离与培养

1)实验流程图

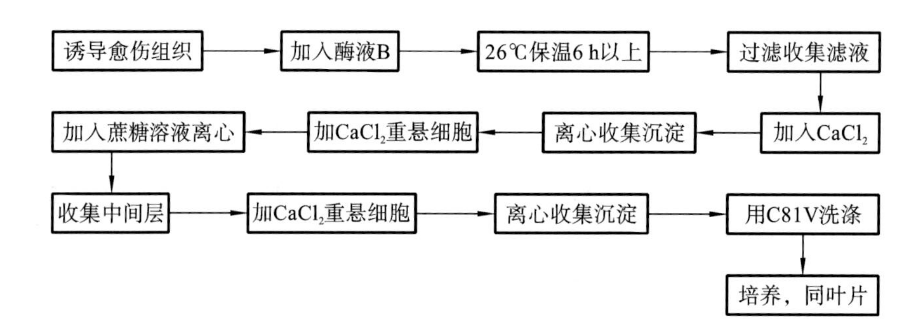

2)实验内容

(1)胡萝卜松软愈伤组织的诱导和保存:

①取田间生长2个月左右植株的根,用自来水冲洗干净。以下操作均在超净工作台上进行。

②在70%乙醇中浸泡2 min,取出后放在0.1%升汞溶液中浸泡10 min,再用灭菌蒸馏水漂洗5次。

③在大培养皿中用解剖刀切取根中央部分,并切成3~5 mm厚的横切片。

④将切片摆放在含2 mg/L 2,4-D、0.2 mg/L激动素和500 mg/L水解酪蛋白的MS培养基上。在26 ℃左右条件下进行暗培养,诱导愈伤组织。

⑤培养2周以后,用镊子将外植体周围形成的愈伤组织取下转移到新鲜培养基上。

⑥连续继代培养多次,每3周转移一次。待愈伤组织成为松软状态便可用于分离原生质体。

(2)取转代培养1周左右并处于旺盛生长期的愈伤组织,直接放在酶液B中,每10 mL酶液放2 g左右。在室温下保温过夜,或26 ℃下保温6 h以上,直到产生足够量的原生质体。

(3)将酶解后的原生质体悬液用不锈钢网筛过滤,除去未完全消化的组织。

(4)向过滤液中加入等体积的0.16 mol/L $CaCl_2 \cdot 2H_2O$溶液,混合之后转移到带盖离心管中。在 600 r/min 速度下离心 5～10 min，使原生质体充分沉淀。

(5)吸去上清液，将沉淀的原生质体悬浮在 2 mL 0.16 mol/L $CaCl_2$溶液中。

(6)用注射器向离心管底部缓缓注入 12% 蔗糖溶液 6 mL，然后离心 5～10 min。两相溶液界面间应出现纯净原生质体带，管底出现杂质沉淀。

(7)将注射器插入管底，吸出沉淀的杂质，并吸出下部蔗糖溶液及上部 $CaCl_2$ 溶液。

(8)用 0.16 mol/L $CaCl_2$悬浮，离心一次，再用 C81V 培养基洗涤 1 次。

(9)用 C81V 培养基培养，其操作同叶片原生质体培养。

3.培养结果的观察

(1)活力检查：凡具活力的原生质体均呈现圆球形，在显微镜下可观察到明显的胞质环流运动。在叶肉原生质体中由于叶绿体的阻挡，看不清胞质环流。可取一滴原生质体悬液放在载玻片上，加一滴 0.1%酚藏花红溶液，凡存活的原生质体均不着色，而死亡的原生质体立即着染成红色。

(2)细胞壁再生的观察：培养 24～48 h 后，大部分原生质体已再生新细胞壁，并且体积增大，变成椭圆形。可用以下方法鉴别细胞壁的再生。

①滴一滴原生质体培养悬液在载玻片上，加一滴高浓度(25%)蔗糖溶液，有细胞壁的细胞将发生质壁分离。

②滴一滴原生质体培养悬液在载玻片上，加一滴 0.01%荧光增白剂溶液。在荧光显微镜下，当用 366 nm 波长的紫外光照射时，细胞壁将发出黄绿色荧光。

(3)细胞分裂的观察：培养 4 天以后，将出现第一次分裂，可在倒置显微镜下观察。在培养 8～10 天后，应统计分裂频率，即出现分裂的原生质体占成活原生质体的百分率。

一般在细胞团形成后(在培养的 15～20 天)，应向培养瓶中补加渗透剂减半的新鲜培养基，以促进细胞团的增殖。待小愈伤组织形成后，转移到固体培养基上，进行植株分化的条件实验。

4.注意事项

(1)操作过程中严格保证无菌操作，防止染菌。

(2)保证分离得到的原生质体健康并具有活力。

五、思考题

(1)酶解液以及原生质体起始培养基中,为何要保持较高渗透压?

(2)培养一段时间后,是否需向培养瓶补加降低渗透压的新鲜培养基?为什么?

(3)如何判断分离原生质体的活力和新细胞壁再生?

第二章　细胞基本形态结构观察

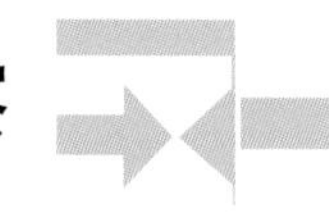

实验十　动物细胞形态结构观察与显微测量

一、实验目的

(1)观察几种细胞的形态结构。

(2)学会使用测微尺,通过测量红细胞的进化进行分析。

(3)学习血涂片制备以及瑞氏染色方法。

二、实验原理

细胞是生命活动的基本结构单位和功能单位,体积很小,细胞内部一些结构的体积则更小,因此需要借助显微镜观察细胞的外部形态结构和内部的一些细胞器结构。

1. 细胞的基本形态观察

细胞的形态结构与功能相关是很多细胞的共同点,分化程度较高的细胞更为明显,这种合理性是生物漫长进化过程所形成的。例如:具有收缩功能的肌细胞伸展为细长形;具有感受刺激和传导冲动功能的神经细胞有长短不一的树枝状突起;游离的血细胞为圆形、椭圆形或圆饼形。

细胞在形态上是多种多样的，有球形、椭圆形、扁平形、立方形、梭形、星形等。不论细胞的形态如何，细胞的结构一般分为三大部分，即细胞膜、细胞质和细胞核。但也有例外，如哺乳类动物红细胞成熟时细胞核消失。

2. 显微测量

测微尺分为目镜测微尺和镜台测微尺，二者配合使用。目镜测微尺是一个放在目镜像平面上的玻璃圆片。圆片中央刻有一条直线，此线被分为若干格，每格代表的长度随不同物镜的放大倍数而异。因此，用前必须测定放大倍数。镜台测微尺是在一块载玻片中央封固的尺子，长 1 mm(1000 μm)，被分为 100 格，每格长度是 10 μm。

三、实验设备、材料与试剂

1. 实验设备

带目镜测微尺的显微镜、镜台测微尺、永久制片等。

2. 实验材料与试剂

材料：鸡血液、大鼠肝细胞悬液等。

试剂：瑞氏染液、卡诺氏固定液、醋酸洋红染液、蒸馏水、载玻片、盖玻片、吸水纸等。

四、实验方法

1. 实验流程图

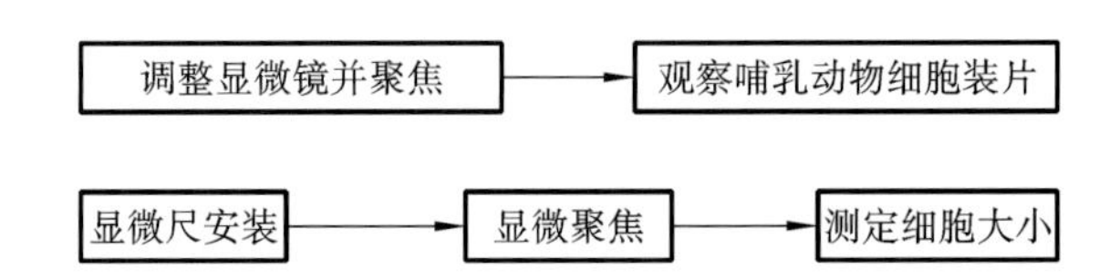

2. 实验内容

1)细胞的基本形态观察

(1)猪脊髓压片观察脊髓前角运动神经细胞:在显微镜下观察,染色较深的小细胞是神经胶质细胞。染色为蓝紫色的、大的、有多个突起的细胞是脊髓前角运动神经细胞,胞体呈三角形或星形,中央有一个圆形细胞核,内有一个核仁(图 10-1)。

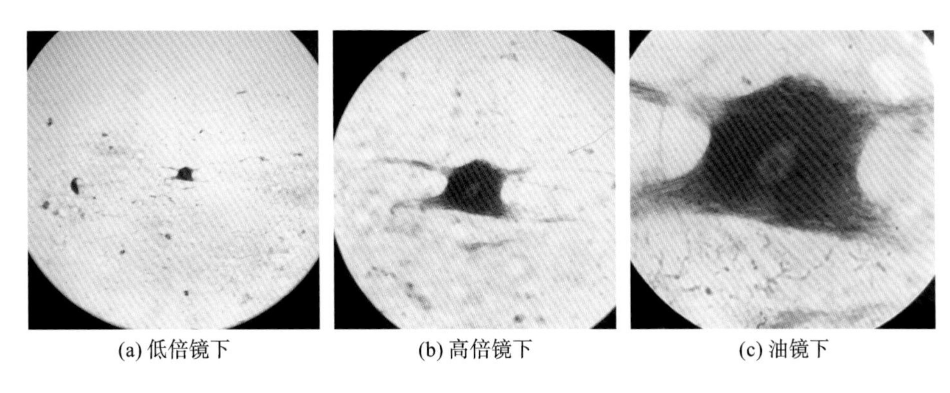
(a) 低倍镜下　(b) 高倍镜下　(c) 油镜下

图 10-1　神经细胞显微观察图

(2)观察平滑肌分离装片:低倍镜下观察平滑肌分离装片,可见染成紫红色呈纺锤形的肌细胞,细胞核为椭圆形,位于细胞的中央,着色很深,在细胞质中有淡红色的肌原纤维(图 10-2)。

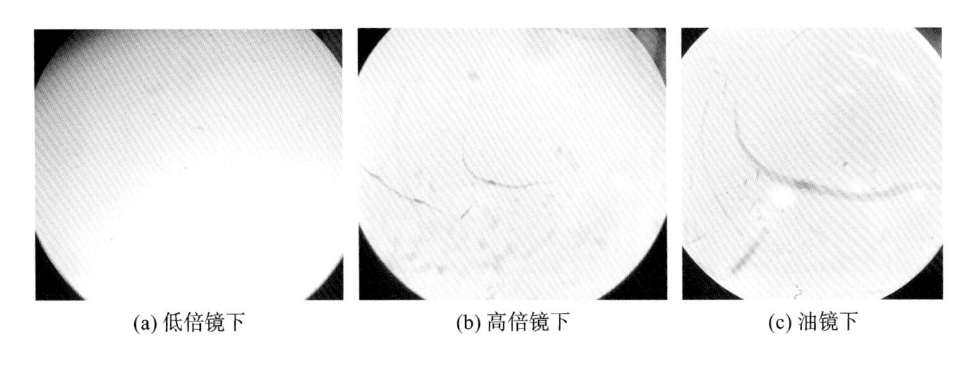
(a) 低倍镜下　(b) 高倍镜下　(c) 油镜下

图 10-2　平滑肌细胞显微观察图

(3)鸡血涂片的制备与观察：

①涂片：取一滴鸡血，滴在载玻片的一端，取另一载玻片，将其一端呈 45°角紧贴在血滴的前缘，待血液沿载玻片的边沿扩展呈线状后，用力均匀向前推，使血液在载玻片上形成均匀的薄层(图 10-3)，晾干。

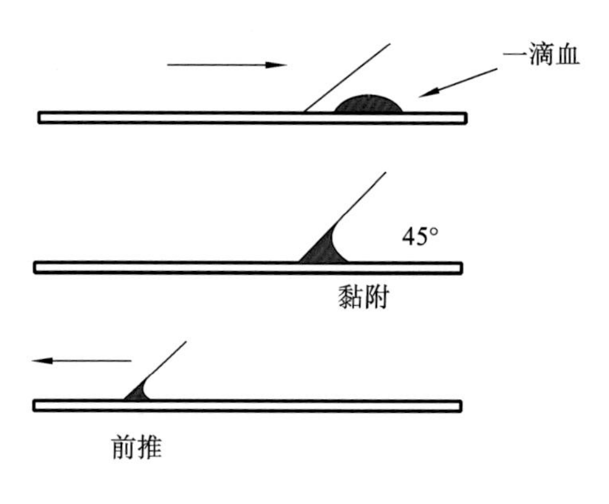

图 10-3　血涂片制备示意图

②染色：加瑞氏染液 2～3 滴，覆盖整个血膜，染色 0.5～1 min 后，滴加等量或稍多点蒸馏水，与染料混匀，继续染色 5～10 min；用清水冲去染液，自然干燥或用吸水纸吸干。

③显微镜观察和记录结果：显微镜下可见鸡血细胞为椭圆形，有核；白细胞数量少，为圆形(图 10-4)。

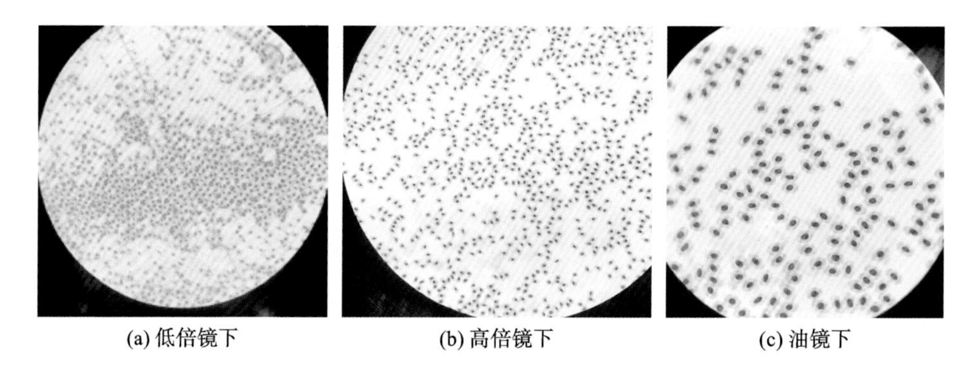

(a) 低倍镜下　(b) 高倍镜下　(c) 油镜下

图 10-4　鸡血细胞显微观察图

2)测微尺的使用

(1)显微测微尺由镜台测微尺(台尺)和目镜测微尺(目尺)组成:台尺是一个特制的载玻片,是中央具有精确刻度的标尺,专门用于校正目尺每格长度。标尺全长1 mm,等分为10大格,每大格再等分为10小格,每小格长0.01 mm,即10 μm。亦有全长为2 mm,共等分为200小格,每小格长度不变的台尺。目尺是一个可以放入目镜内的特制圆形玻片,在中央刻有不同形式的标尺,多为直线式,长5 mm,等分为5大格、50小格。目尺每格测量的实际长度因不同物镜的放大倍数和不同显微镜镜筒长度的差异而有所不同,因此在使用前需用台尺校正。

(2)目尺的校正(标定):

①有刻度的一面向下,再将目镜上的透镜旋上,并将目镜放回镜筒(显微镜出厂前已固定好)。

②将台尺置于载物台上,有刻度的一面朝上。

③在低倍镜下将台尺(标尺外围有一小黑环)移至视野中央,然后换用测量时所用放大倍数的物镜,调焦,使标尺上的刻度清晰可见。

④转动目镜,使目尺的刻度与台尺的刻度平行,再移动标本移动器,使目尺的零线与台尺某段的刻度线相重合,然后找出两尺的第2条重合线,准确读出并记录两条重合线之间目尺和台尺各有多少格。

⑤计算目尺每小格所测量的镜台上物体的实际长度。

$$\text{目尺每小格实际测量长度}(\mu m)=\frac{\text{两条重合线间台尺的格数}\times 10}{\text{两条重合线间目尺的格数}}$$

★如果换用不同倍数的目镜或物镜,此数据能否采用?为什么?

(3)细胞体积、核体积和核质比的计算公式:

椭圆形:$V=\frac{4}{3}\pi ab^2$(a、b分别为长、短半径)

圆球形:$V=\frac{4}{3}\pi R^3$(R为半径)

核质比:$NP=V_n/(V_c-V_n)$(V_n为核的体积,V_c为细胞的体积)

3)大鼠肝细胞大小的测定

(1)涂片:取一滴大鼠肝细胞悬液,滴在载玻片的一端,将另一载玻片的一端呈

45°角紧贴在血滴的前缘，待血滴沿载玻片的边沿扩展呈线状后，均匀用力向前推，使肝细胞悬液在载玻片上形成均匀的薄层，晾干。

(2)染色：将涂有肝细胞的载玻片浸入卡诺氏固定液中固定5～10 min后取出，加1滴醋酸洋红染液，盖上盖玻片，置于显微镜下观察，细胞核呈鲜红色，细胞质呈浅红色。

(3)测量：目尺校正好后，移去台尺，换上已染色的肝细胞涂片，随机挑选20个形态较规则的细胞用目尺测量其占几小格，再乘以目尺每小格实际测量长度，即为细胞直径。同法测量相应细胞的细胞核直径，记录数据。

(4)数据处理：由细胞直径和细胞核直径计算出各细胞及其细胞核的体积，算出各细胞的核质比，并计算细胞直径、细胞核直径及核质比的平均值。

3. 注意事项

(1)观察细胞基本形态时注意先低倍镜观察，再高倍镜和油镜观察。观察细胞时注意抓细胞的特点并找典型细胞拍照。

(2)计算细胞直径、细胞核直径及核质比的平均值必须是20个以上。

五、思考题

(1)制作血涂片时要注意什么？

(2)用显微测微尺测量细胞的直径总会产生一定的误差，可使用哪些方法减小测量误差？

实验十一　植物细胞形态结构观察

一、实验目的

(1)了解真核细胞的各种形态和基本结构。

(2)学习临时装片标本的制作方法。

二、实验原理

细胞是构成植物体的基本单位,也是植物生命活动的基本单位。根据细胞的结构和生命活动的方式,可以把构成生物有机体的细胞分为两类,即原核细胞和真核细胞。原核细胞内没有典型的细胞核,也没有分化出以膜为基础的具有特定结构和功能的细胞器;而真核细胞的 DNA 主要集中在由核膜包被的细胞核中,并分化出多种以膜为基础的细胞器。

植物细胞通常很小,其直径一般在 20～50 μm,因而要借助显微镜才能观察到。但也有少数植物细胞,如苎麻(*Boehmeria nivea*)的纤维细胞长可达 550 mm,用肉眼即可看到。尽管不同植物细胞在形态、大小上有一定差异,但它们的基本结构是一致的。

三、实验设备、材料与试剂

1. 实验设备

显微镜、载玻片、盖玻片、镊子、剪刀、吸管、刀片等。

2. 实验材料与试剂

材料:新鲜洋葱鳞茎、新鲜菠菜、新鲜蚕豆叶片。

试剂:碘-碘化钾溶液(配制方法为取 3 g 碘化钾溶于 100 mL 蒸馏水中,再加入 1 g 碘,溶解后即可使用。此液应放在棕色试剂瓶中,暗处保存)。

四、实验方法

1.实验流程图

(1)洋葱细胞临时装片：

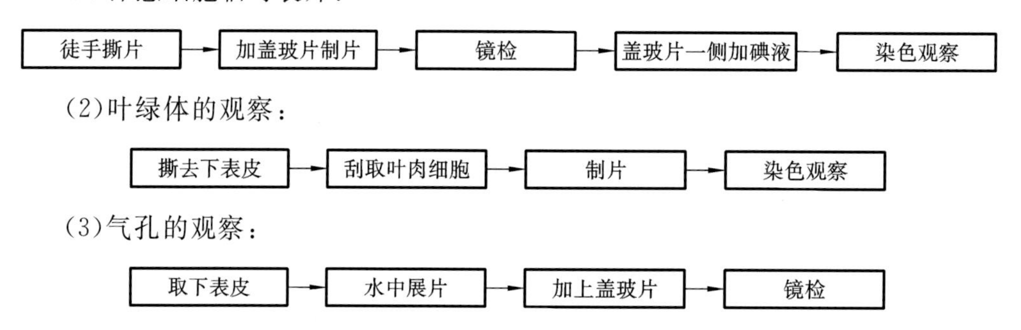

(2)叶绿体的观察：

(3)气孔的观察：

2.植物细胞结构的观察

(1)洋葱鳞片叶表皮细胞临时装片标本的制作与观察：

①取一洗净的载玻片，用纱布擦干，于载玻片中央滴一滴蒸馏水，用尖头镊子从洋葱肉质鳞片叶内表皮撕下一小块表皮，铺在水滴上，用解剖针轻轻将其压入水中，使之展平。

②用镊子夹住洗净擦干的盖玻片的一边，使另一边接触水滴的边缘，然后慢慢地放下，以便驱走盖玻片下的空气，不致产生气泡。

③用吸水纸吸去盖玻片周围的水，于显微镜下观察。

④在低倍镜下，可见洋葱表皮细胞略呈长方形，排列紧密，每个细胞内有一圆形或扁圆形的细胞核。

⑤在盖玻片的一侧滴上一滴碘-碘化钾溶液，然后用吸水纸的一侧将盖玻片下的水分吸去，把染料引入盖玻片与载玻片之间，对材料进行染色观察。

(2)菠菜叶肉细胞叶绿体的观察：取一新鲜菠菜叶片，用镊子撕去一小块下表皮，用小刀轻轻刮取一点叶肉细胞，制作菠菜叶肉细胞临时装片标本。将所制标本先置于低倍镜下观察，然后再转高倍镜观察，注意叶肉细胞内叶绿体的形态、数目。

(3)气孔的观察：取新鲜蚕豆叶片，用刀片在叶的背面轻轻划一个小方块，用镊子从切口处夹住表皮，并从切开的方向撕下表皮，放在载玻片上的水滴中，用镊子展平，盖上盖玻片，在低倍显微镜下观察，先在低倍镜下找出比较薄的部位，然后换至高倍镜下观察。注意观察气孔的形态及类型。

3. 注意事项

（1）撕表皮时不要把表皮撕得过大，如撕下的表皮面积大于盖玻片，要将表皮放在有水的载玻片上，用刀片切成小块，便于观察。

（2）撕表皮时动作要迅速，勿将撕下的表皮在空气中暴露过久，以免细胞由于失水而受到损伤。

（3）撕开的一面最好朝上放在载玻片上，以利于染色和进行组织化学实验的观察。

（4）撕下的表皮一定要平铺在有水的载玻片上，如发生褶皱或重叠，要用解剖针将其铺平，以免影响观察效果。

五、思考题

（1）制作临时装片应该注意什么问题？

（2）观察气孔为什么选用蚕豆叶片，而不是菠菜叶片？

实验十二　动植物细胞骨架的制备与观察

一、实验目的

(1)观察显微镜下细胞骨架的基本形态结构。

(2)掌握考马斯亮蓝 R250 显示微丝的原理和方法。

二、实验原理

细胞骨架(cytoskeleton)是指真核细胞中的蛋白纤维的网络结构,在维持细胞形态和运动方面起重要作用。细胞骨架包括微丝(microfilament)、微管(microtubule)和中间纤维(intermediate filament)。

微丝确定细胞表面特征,使细胞能够运动和收缩。微管确定膜性细胞器的位置和作为膜泡运输的导轨。中间纤维使细胞具有张力和抗剪切力。其他骨架成分包括细胞核骨架、细胞膜骨架、细胞外基质。

用 Triton X-100 溶液处理细胞时,可使细胞质膜和细胞质中的全部脂质和部分蛋白质被溶解抽提,但细胞骨架蛋白质不受破坏而被保存。经固定和非特异性蛋白质染料考马斯亮蓝 R250 染色后,可在显微镜下观察到由微丝组成的纤维束(呈蓝色)。

三、实验设备、材料与试剂

1. 实验设备

显微镜、称量瓶、烧杯、滴管、手术刀、剪刀、镊子、载玻片等。

2. 实验材料与试剂

材料:洋葱。

试剂:

(1)0.2 mol/L pH 7.3 磷酸缓冲液(PBS)。

(2)0.01 mol/L PBS缓冲液：0.2 mol/L PBS 50 mL 加 0.15 mol/L 氯化钠溶液50 mL，双蒸水定容至 1 L。

(3)M-缓冲液：50 mmol/L 咪唑、0.5 mmol/L 氯化镁溶液、50 mmol/L 氯化钾溶液、1 mmol/L EGTA［乙二醇-双-(2-氨基乙基醚)四乙酸］。

(4)0.1 mmol/L EDTA：乙二胺四乙酸、1 mmol/L DTT（二硫苏糖醇）、4 mmol/L甘油、1% Triton X-100 溶液(用 M-缓冲液配制)。

(5)3%戊二醛溶液(用 0.01 mol/L PBS 缓冲液配制)。

(6)0.2%考马斯亮蓝染液 R250：用少许无水乙醇溶解，然后用 12.5%三氯醋酸定容，装瓶备用。

四、实验方法

1. 实验流程图

(1)植物细胞骨架的制备：

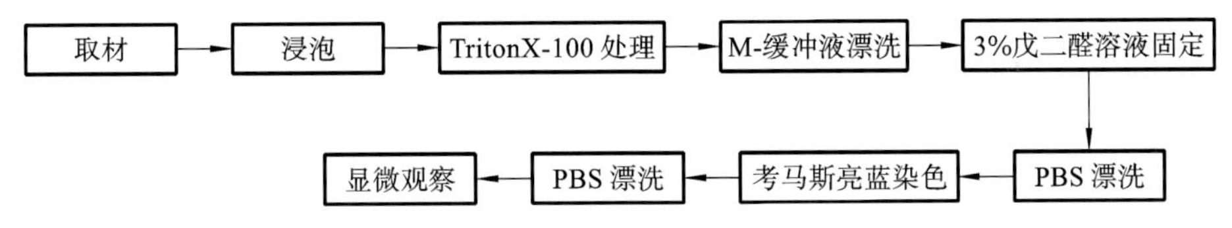

(2)动物细胞骨架的制备：

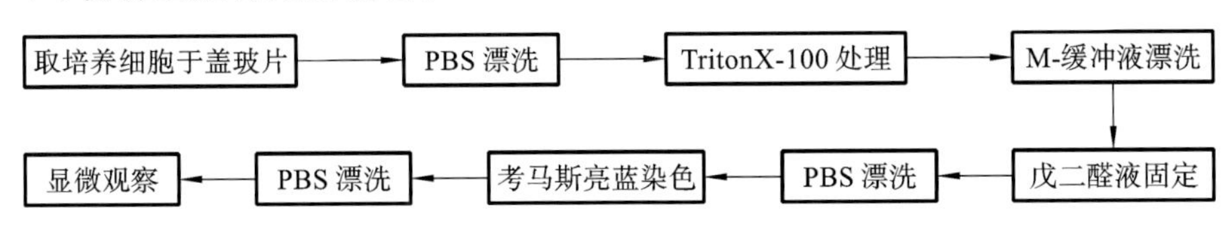

2. 实验内容

1)植物细胞骨架的制备与观察

(1)用镊子撕取若干片洋葱鳞片的内表皮(不要用靠近鳞片边缘的表皮)，剪成 1 cm×1 cm 大小，放入容器中，加入 PBS 缓冲液，浸泡 3 min。

(2)吸去 PBS 缓冲液,加入 1% Triton X-100 溶液,处理 30 min(28 ℃恒温箱),然后用 M-缓冲液漂洗 3～5 次,每次 5 min。

(3)加入 3%戊二醛溶液,固定 20 min(28 ℃恒温箱),然后用 PBS 缓冲液漂洗 3～5 次,每次 5 min。

(4)用 0.2 %考马斯亮蓝染液染色 20 min(在载玻片上进行),之后用 PBS 缓冲液冲洗至水无色。

(5)盖上盖玻片,吸干水分,观察实验结果(图 12-1)。

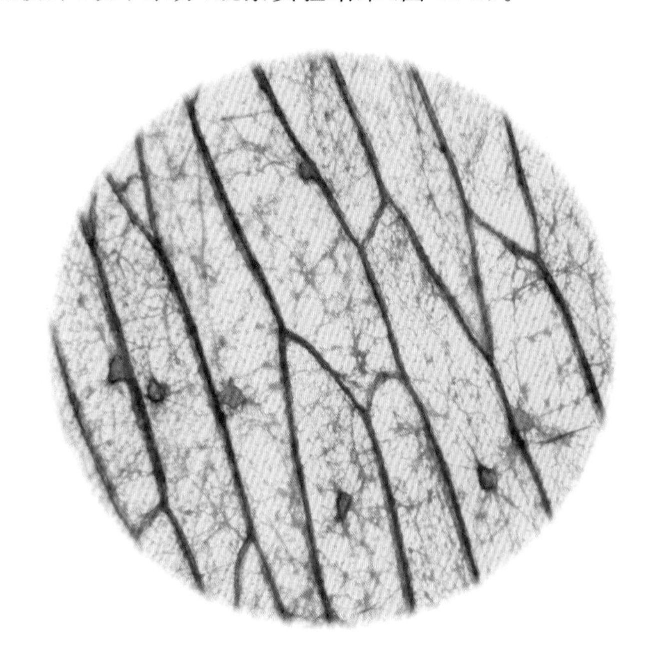

图 12-1　洋葱内表皮细胞骨架图(400×)

2)动物细胞骨架的制备与观察

(1)取一 CHO 细胞爬片,放入小培养皿中,用 PBS 缓冲液洗涤 3 次,每次 3 min。

(2)将玻片条浸在 2% TritonX-100 溶液中,置于 37 ℃恒温箱中处理 20～30 min,以除掉细胞膜结构。

(3)立即用 M-缓冲液轻轻地洗涤 3 次,每次 3 min,使细胞骨架稳定。

(4)在 3%戊二醛溶液中固定 10 min。

(5)用 PBS 缓冲液漂洗 3 次,每次 5 min,吸去多余液体。

(6)滴加 0.2% 考马斯亮蓝染液染色 20 min,用自来水冲洗,封片观察(图 12-2)。

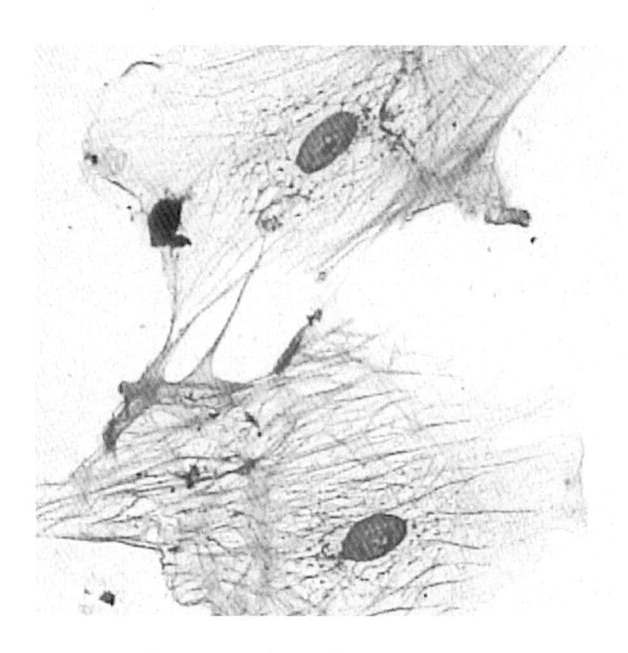

图 12-2 动物细胞骨架图(400×)

3.注意事项

(1)制备动物细胞骨架时注意区分盖玻片的正反面,可以切去盖玻片的一角作为标记。

(2)染色剂要滴加到有盖玻片的细胞面。

(3)吸去溶液或洗洋葱内表皮时要非常小心,注意不要把内表皮吸掉了。

五、思考题

(1)M-缓冲液的作用是什么?

(2)实验中是否可以看到微管和中间纤维,为什么?

(3)Triton X-100 溶液在本实验中有什么作用?如果用 1% Triton X-100 溶液处理内皮细胞时间过长,会出现什么现象?

第三章　细胞器的染色与观察

实验十三　线粒体与高尔基体切片观察

一、实验目的

(1)在普通光学显微镜下观察线粒体与高尔基体的基本形态结构。

(2)认识细胞中线粒体与高尔基体的分布。

二、实验原理

高尔基体能与硝酸银作用,并具有还原能力,使硝酸银呈现棕黑色沉淀颜色反应,因而显示高尔基体的形态和位置。脊神经节以硝酸钴固定,再经硝酸银染液浸染制成永久制片以用于观察高尔基体。

线粒体有双层膜结构,蛋白质、磷脂含量很高,有大量羧基和磷酸基等阴离子基团,含阳离子的铁苏木精易与其结合,使线粒体显示蓝色反应。动物的肝、肾细胞富含线粒体,以重铬酸钾固定,再经铁苏木精染色,制成永久制片以用于观察线粒体。

三、实验设备、材料与试剂

1. 实验设备

普通光学显微镜等。

2. 实验材料与试剂

永久制片、香柏油、二甲苯等。

四、实验方法

1. 实验流程图

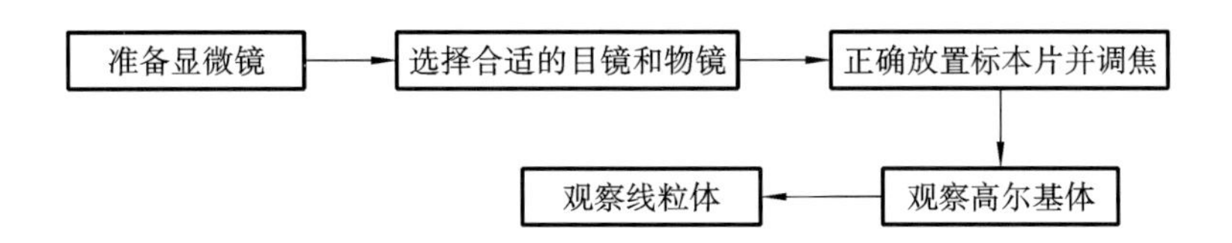

2. 实验内容

(1)高尔基体的观察：

观察方法：先用低倍镜观察，寻找圆形或椭圆形的被染成黄色或淡黄色的细胞，然后转换至高倍镜观察，中央透亮区为核所在位置，核周围棕褐色扭曲呈线状、颗粒状结构，即高尔基体(图 13-1)。

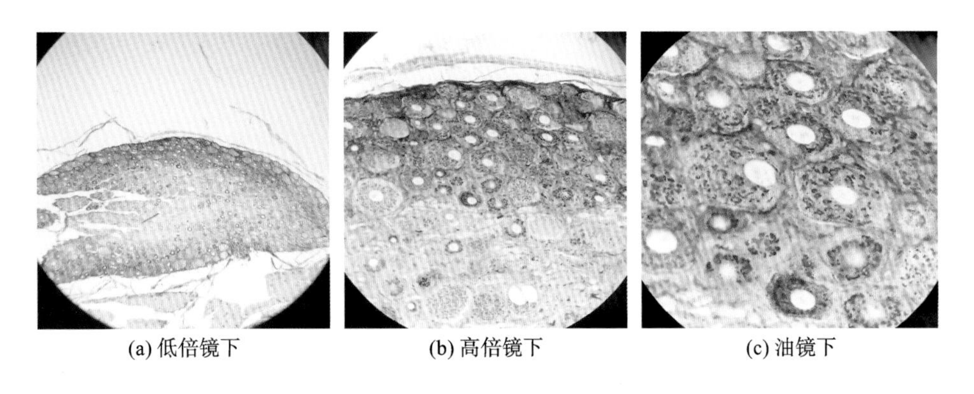

(a) 低倍镜下　(b) 高倍镜下　(c) 油镜下

图 13-1　高尔基体观察示意图

(2)线粒体的观察：

观察方法：先用低倍镜观察，可见许多被染成深蓝色的细胞，选择颜色清晰，密集程度较低的区域移至视野中央，然后转换至高倍镜观察，细胞核为 1～2 个圆形的不着色的区域(有深蓝色的核仁),核周围分布有许多深蓝色颗粒或杆状小体,即线粒体(图 13-2)。

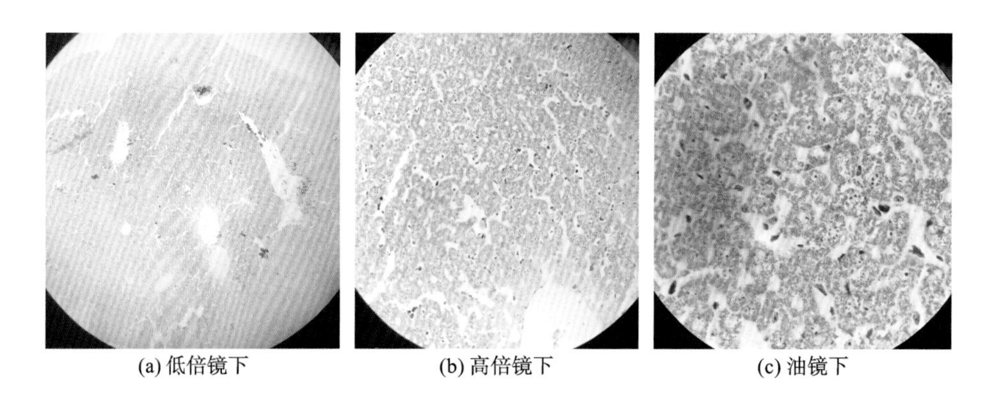
(a) 低倍镜下　(b) 高倍镜下　(c) 油镜下

图 13-2　线粒体观察示意图

3. 注意事项

(1)严格按照显微镜使用方法进行操作,防止误操作压破标本片。

(2)在高倍镜下找到特征明显区域后再转到油镜下观察。

五、思考题

(1)为什么观察细胞线粒体通常以肝细胞为实验材料?

(2)高尔基体切片中为什么有的细胞能看到细胞核,有的看不到?

实验十四　线粒体活体染色与观察

一、实验目的

(1)观察活细胞内线粒体的形态、数量及分布。

(2)掌握线粒体活体染色的原理及方法。

二、实验原理

线粒体是细胞内产生能量的主要细胞器,它主要通过氧化磷酸化产生 ATP 供给机体能量,是细胞进行呼吸作用的主要场所。因此,检测线粒体在活性状态下的形态结构和生理病理状态尤为重要。

活体染色技术是一种应用无毒或毒性较小的染色剂真实地显示活细胞内某些结构而又很少影响细胞生命活动的一种染色方法。Mito-Tracker Red 染色是一种常用于显示细胞内线粒体结构的活体染色法。Mito-Tracker Red 是一种线粒体红色荧光探针,可用于活细胞线粒体特异性荧光染色。其基本原理为:Mito-Tracker Red 探针具有细胞膜渗透性,可通过被动运输穿过细胞膜,并借助本身含有的弱巯基反应性的氯甲基基团特异性地标记线粒体,并在经醛类固定剂固定后保留在线粒体内。其他一些传统的荧光染料,如四甲基罗丹明和罗丹明 123,也很容易识别线粒体,但这些染料在线粒体发生去极化时极易被洗涤出线粒体。因此 Mito-Tracker Red 染料是显示线粒体时使用较多的一种染料。Mito-Tracker Red 呈红色荧光,最大激发波长为 579 nm,最大发射波长为 599 nm。

三、实验设备、材料与试剂

1. 实验设备

超净工作台、CO_2 培养箱、荧光显微镜或激光扫描共聚焦显微镜。

2. 实验材料与试剂

材料:HEK293 细胞。

试剂:DMEM 细胞培养基、青霉素链霉素混合液、胎牛血清、PBS 缓冲液、Mito-Tracker Red 等。

(1)Mito-Tracker Red 储存液:取一管 50 μg 的 Mito-Tracker Red 粉末加入 470 μL无水 DMSO,充分溶解后,得到浓度为 200 μ mol/L 的储存液。适当分装后避光保存于−20 ℃。

(2)Mito-Tracker Red 工作液:取少量 200 μ mol/L Mito-Tracker Red 储存液按照 1∶1000～1∶10000 的比例加入 DMEM 细胞培养基中,使其最终浓度为 20～200 nmol/L。

四、实验方法

1. 实验流程图

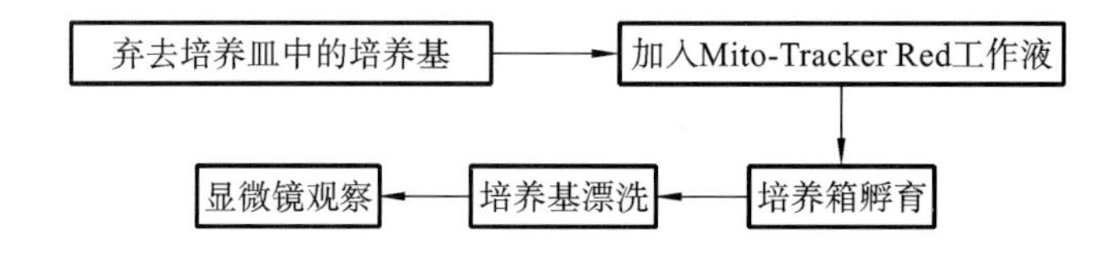

2. 实验内容

(1)将 HEK293 细胞提前铺于激光共聚焦皿中,CO_2培养箱中 37 ℃培养 24 h。

(2)弃去细胞培养液,加入新鲜配制的 1 mL Mito-Tracker Red 工作液,37 ℃避光孵育 30 min 至 1 h。

(3)弃去 Mito-Tracker Red 工作液,用 1 mL 37 ℃预热的新鲜细胞培养液洗 3 遍,再次加入 1 mL 37 ℃预热的新鲜细胞培养液。

(4)用激光扫描共聚焦显微镜观察拍照(图 14-1)。

图 14-1 HEK293 细胞线粒体染色图

3. 注意事项

(1)Mito-Tracker Red 工作液要现用现配,使用前 37 ℃预热。

(2)将 Mito-Tracker Red 工作液与细胞孵育时注意避光。

(3)标记后的 Mito-Tracker Red 荧光易淬灭,应尽快进行拍照。

五、思考题

(1)Mito-Tracker Red 工作液为什么要现用现配?

(2)用 Mito-Tracker Red 染液染细胞,染色的时间过长会观察到什么现象?

实验十五　液泡系活体染色与观察

一、实验目的

(1)观察植物活细胞内液泡系的形态、数量与分布。

(2)学习一些细胞器的活体染色技术。

二、实验原理

活体染色是指既能使生命有机体的细胞或组织着色,但又对其无毒害的一种染色方法。活体染料能固定、堆积细胞的某些特殊部分,这主要是染料的"电化学"特性起重要作用。碱性染料的胶粒表面带有阳离子,酸性染料的胶粒表面带有阴离子,而被染色的部分本身也具有阴离子或阳离子,因此,它们彼此之间具有吸引作用。但并不是任何染料都可以作为活体染色剂使用,应选择那些对细胞无毒害或毒害极小的染料,并且一般需要稀释后使用。一般碱性染料较为适用,可能是因为其具有溶解在类脂质(如卵磷脂、胆固醇等)中的特性,易于被细胞吸收。

液泡是细胞内浓缩产物的主要场所,有十分重要的功能。中性红是液泡的特殊活体染色剂,只将液泡染成红色,在细胞处于存活状态下,细胞质和细胞核不被中性红染色。

三、实验设备、材料与试剂

1. 实验设备

显微镜、恒温水浴锅、解剖盘、剪刀、镊子、双面刀片、载玻片、凹面载玻片、盖玻片、表面皿、吸管、牙签、滤纸、吸水纸、电子天平、试剂瓶、棕色试剂瓶、移液管(1 mL)、量筒(10 mL)等。

2. 实验材料与试剂

材料：小麦幼根根尖。

试剂：

(1)Ringer 溶液：

氯化钠	0.85 g
氯化钾	0.25 g
氯化钙	0.03 g
蒸馏水	100 mL

(2)1/3000 中性红染液：称取 50 mg 中性红加入 50 mL Ringer 溶液中并混匀，稍加热(30～40 ℃)使之溶解，用滤纸过滤，即为 1%原液。将其装入棕色试剂瓶中于暗处保存备用，否则易氧化沉淀，失去染色能力。取 1%原液 1 mL 加入 29 mL Ringer 溶液，即得 1/3000 中性红染液。

四、实验方法

1. 实验流程图

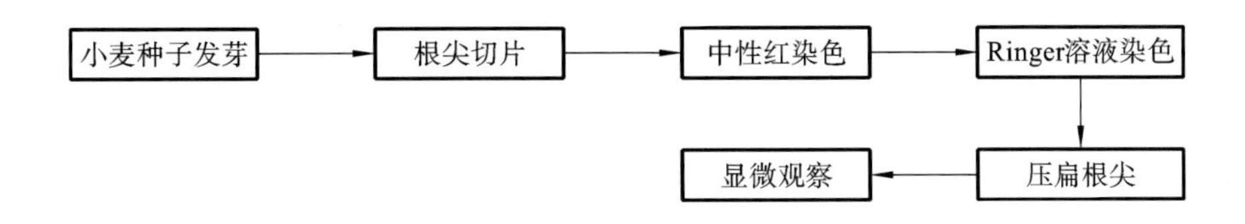

2. 实验内容

(1)实验前，把小麦种子培养在培养皿内潮湿的滤纸上，使其发芽，胚根长到 1 cm以上。

(2)用双面刀片将初生的小麦根尖切一纵切面，放在滴有 1/3000 中性红染液中的载玻片上，染色 5～10 min。

(3)吸弃染液，滴一滴 Ringer 溶液，盖上盖玻片，用镊子轻轻地下压盖玻片，使根尖压扁，有利于观察。

(4)显微观察：在高倍镜下，先观察根尖部分分生区的细胞，可见细胞质中散在分布很多大小不一的染成玫瑰红色的圆形小泡，这是初生的幼小液泡。再由分生区向延长区观察，在一些已分化的细胞内，液泡染色较浅，体积增大，数目变少。在成熟区细胞中，一般只有一个淡红色的巨大液泡，占据细胞的绝大部分，将细胞核挤到细胞一侧接近细胞壁处。

3. 注意事项

(1)切小麦根尖时一定要切开。

(2)进行小麦根尖液泡系的中性红染色时，根尖一定要压开。

五、思考题

(1)简述液泡系活体染色的原理。

(2)染色时间不够或者过长会观察到哪些现象?

(3)根尖液泡的分布有何特点?

实验十六 细胞核染色与观察

一、实验目的

(1)观察细胞核的形态。

(2)掌握细胞核染色的原理及方法。

二、实验原理

DAPI 中文名称为 4′,6-二脒基-2-苯基吲哚,是一种针对活细胞染色的 DNA 蓝色荧光染料,它和双链 DNA 结合后不改变细胞基因的超微结构。DAPI 能识别双链 DNA 小沟,特别是 A-T 碱基。当它与双链 DNA 结合时,荧光强度可增强 20 倍,而与单链 DNA 结合则无荧光强度增强的现象,没有结合 DNA 的 DAPI 荧光强度也很弱。DAPI 与双链 DNA 结合后最大激发波长为 364 nm,可用紫外光源进行激发。

三、实验设备、材料与试剂

1. 实验设备

超净工作台、CO_2 培养箱、荧光显微镜或激光扫描共聚焦显微镜等。

2. 实验材料与试剂

材料:Hela 细胞。

试剂:DMEM 细胞培养基、青霉素链霉素混合液、4%多聚甲醛、0.5% Triton X-100 溶液、胎牛血清、PBS、DAPI 等。

四、实验方法

1. 实验流程图

(1)固定细胞：

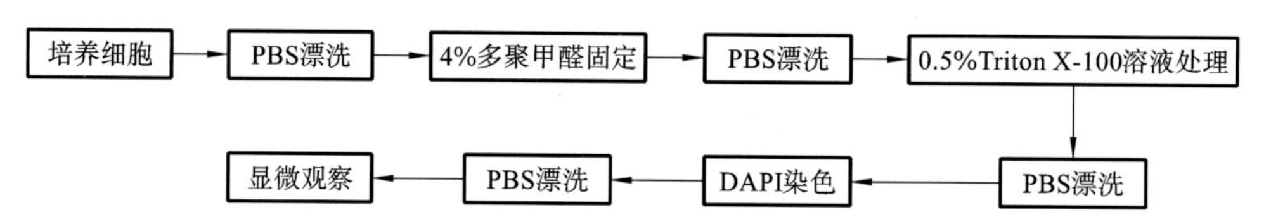

(2)活细胞：

2. 实验内容

1)固定细胞的染色(以贴壁细胞为例)

(1)取培养好的固定细胞，弃去培养基，沿培养皿壁加入 1 mL PBS，轻轻晃动后弃去 PBS。如此漂洗 3 次以除去残留的培养基以及死细胞。

(2)加入 1 mL 4%多聚甲醛(覆盖住细胞即可)，室温下放置 30 min，进行固定。

(3)固定结束后弃去固定液，沿培养皿壁加入 1 mL PBS，室温下在摇床上轻摇 10 min，然后弃去 PBS。这样重复漂洗 3 次。

(4)加入 1 mL 0.5% Triton X-100 溶液进行穿孔，室温下在摇床上轻摇 15 min。

(5)除去 0.5%Triton X-100 溶液，加入 1 mL PBS 漂洗 3 次，每次 5 min。

(6)加入约 200 μL DAPI(0.5 μg/mL)，覆盖住细胞即可，此时要用锡箔纸包住培养皿。室温下在摇床上轻摇 10～20 min。

(7)弃去 DAPI，加入 1 mL PBS 漂洗 3 次，每次 5 min。

(8)加入 1 mL PBS，置于荧光显微镜或激光扫描共聚焦显微镜下观察。

2)活细胞的染色(以贴壁细胞为例)

(1)提前培养好细胞。

(2)按实验要求用细胞培养基稀释好的DAPI,使其终浓度为0.5 μg/mL,37 ℃预热10 min(避光)。

(3)弃去待染细胞皿中的培养基,加入1 mL PBS漂洗1次以除去死细胞,加入1 mL上述稀释好的DAPI染料,CO_2培养箱染色10～20 min(避光)。

(4)用1 mL新鲜培养基或者PBS漂洗细胞3次。

(5)置于荧光显微镜或激光扫描共聚焦显微镜下观察(图16-1)。

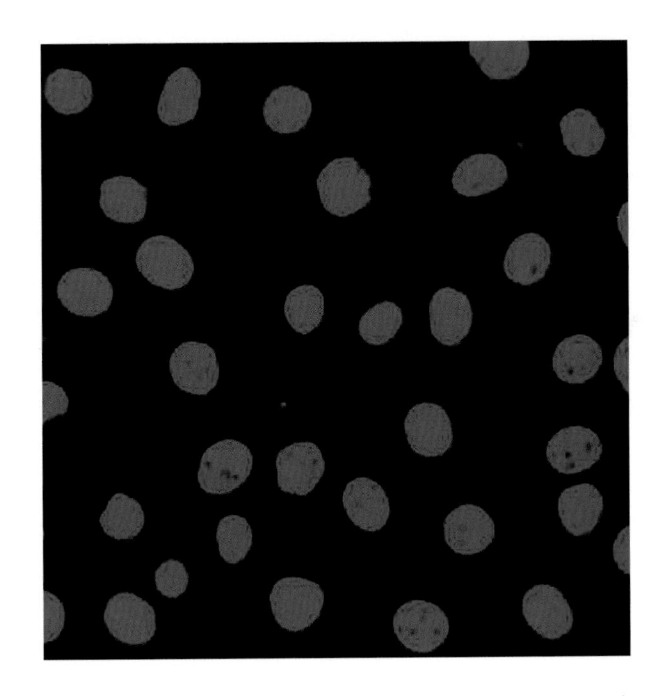

图16-1 HeLa细胞核染色图(激光扫描共聚焦显微镜下观察)

3.注意事项

(1)DAPI有毒,有致癌作用,在操作时要小心。

(2)4%多聚甲醛固定时不能晃动培养皿,以免影响细胞形态。

(3)DAPI的荧光容易淬灭,在操作时要避光,染色后要用锡箔纸包住培养皿,漂洗时操作尽量快。

(4)染色完成的细胞最好在1天内完成观察,时间过长荧光强度会减弱。

五、思考题

(1)DAPI特异性染色细胞核的原理是什么?

(2)用DAPI给细胞染色时需要注意的实验步骤是什么?

第四章　细胞内大分子的显示与观察

实验十七　动物细胞中 DNA 和 RNA 的染色与观察

一、实验目的

(1)掌握显示细胞内 DNA 和 RNA 的方法。

(2)熟悉细胞内 DNA 和 RNA 的位置分布。

二、实验原理

甲基绿和派洛宁为碱性染料,能分别与细胞内 DNA 和 RNA 结合而呈现不同的颜色。核酸是酸性的,对碱性染料甲基绿和派洛宁具有亲和力。甲基绿与染色质中 DNA 选择性结合呈现蓝绿色,而派洛宁与细胞质、核仁中的 RNA 选择性结合呈现红色。原理如下:甲基绿分子上有两个相对的正电荷,它与聚合程度较高的 DNA 分子有较强的亲和力,可将 DNA 分子染成蓝绿色;而派洛宁分子中仅一个正电荷,可与聚合程度比较低的 RNA 相结合使其被染成红色。这样细胞中的 DNA 和 RNA 可被区别开来。

三、实验设备、材料与试剂

1. 实验设备

光学显微镜、剪刀、镊子、解剖针、载玻片、盖玻片、染色缸、染色架、注射器等。

2. 实验材料与试剂

材料:Hela 细胞。

试剂:

(1)0.2 mol/L 醋酸缓冲溶液:用 2 mL 注射器抽取 1.2 mL 冰醋酸加入 98.8 mL 蒸馏水中,混匀。再称取醋酸钠($CH_3COONa \cdot 3H_2O$)2.72 g 溶于蒸馏水中,定容至 100 mL,使用时按 2∶3 的比例混合两液即成。

(2)2%甲基绿染液:称取 2 g 去杂质甲基绿溶于 98 g 0.2 mol/L 醋酸缓冲溶液中即成。

甲基绿粉末中往往混有影响染色效果的甲基紫,必须预先除去,其方法是将甲基绿溶于蒸馏水中,倒入分液漏斗后再加足量的氯仿(三氯甲烷),用力振荡,然后静置,弃去含甲基紫的氯仿。再加入氯仿重复数次,直至氯仿中无甲基紫为止,最后放入 40 ℃烘箱中干燥后备用。

(3)1%派洛宁染液:称取 1 g 派洛宁(吡罗红)溶于 98 g 0.2 mol/L 醋酸缓冲溶液中混匀。

(4)甲基绿-派洛宁混合染液:将 2%的甲基绿染液和 1%的派洛宁染液以 5∶2 的比例混合均匀即可。该混合染液应现配现用,不宜久置。

四、实验方法

1. 实验流程图

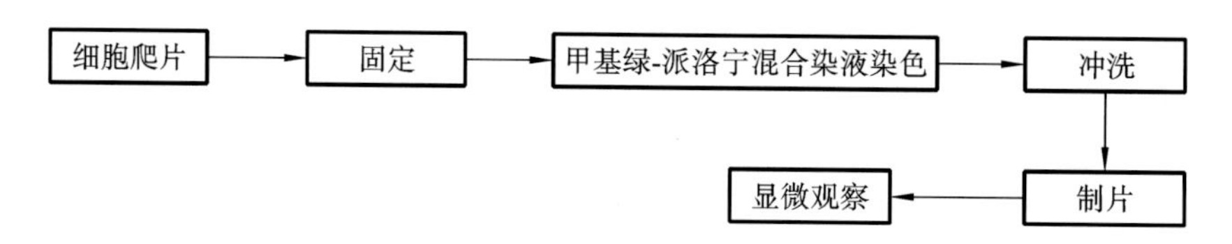

2. 实验内容

(1)培养:将培养的 Hela 细胞接种于盖玻片上,24～48 h 后生长为单层细胞。

(2)漂洗:取细胞盖玻片一张,放入一个小皿中(注意:细胞面朝上),用 2 mL PBS(pH 7.2)漂洗细胞 2～3 次。

(3)固定:加入 2 mL 70%乙醇固定液,固定 30 min,弃去固定液,然后在室温下晾干。

(4)染色:盖玻片上滴加 1～2 滴甲基绿-派洛宁混合染液,染色 15 min。

(5)冲洗:用水冲洗盖玻片。

(6)制片:取出盖玻片倒扣于干净的载玻片上,擦干盖玻片表面多余的水分,于光学显微镜下镜检。

(7)观察:光学显微镜下可见细胞质呈现红色,细胞核呈绿色,核仁呈红色(图 17-1)。

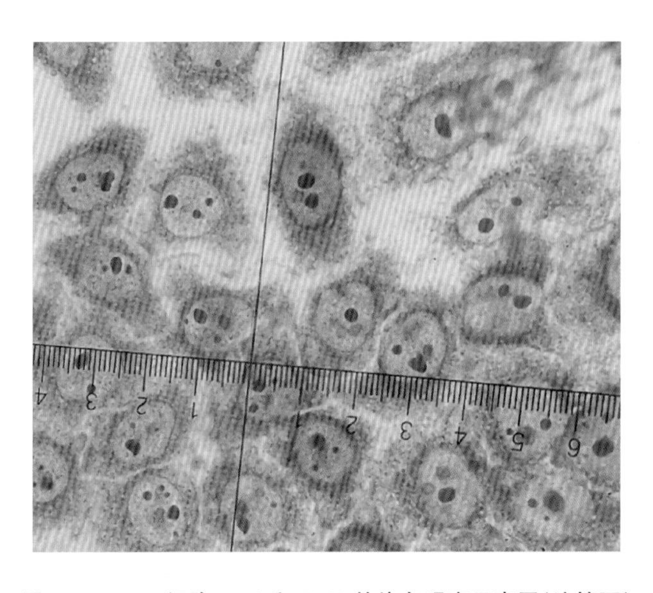

图 17-1 Hela 细胞 DNA 和 RNA 的染色观察示意图(油镜下)

3. 注意事项

(1)甲基绿-派洛宁混合染液要现配现用。

(2)甲基绿-派洛宁混合染液染细胞的时间要控制好。

(3)冲洗后吸去多余的水分时不要吸得太干。

五、思考题

(1)简述 DNA 和 RNA 的染色原理。

(2)细胞核中核仁被染成何种颜色?为什么?

实验十八　DNA 的孚尔根染色与观察

一、实验目的

(1)学习 DNA 的孚尔根染色法,了解反应原理,掌握操作步骤。

(2)观察染色结果,了解细胞中 DNA 的分布。

二、实验原理

1924 年孚尔根(Feulgen)首先用希夫(Schiff)试剂做实验,鉴定了染色体上 DNA 的存在,故称为孚尔根染色法。

孚尔根染色法的反应原理主要与希夫试剂的化学性质有关,此试剂的基本成分是碱性品红、偏亚硫酸钠($Na_2S_2O_5$)和盐酸。碱性品红的主要成分是三氨基三甲苯基甲烷氯化物,核酸的戊糖部分经稀酸水解后生成醛,可与希夫试剂特异性反应。

孚尔根反应的步骤:细胞中的 DNA 经 1 mol/L HCl 溶液在 60 ℃水解后,破坏了脱氧核糖与嘌呤碱基之间的糖苷键,使脱氧核糖第一个碳原子上的醛基变为自由状态。经水洗后加入希夫试剂,脱氧核糖的自由醛基与希夫试剂中的无色品红发生反应,生成紫红色化合物。对照组预先用热三氯乙酸或 DNA 酶处理,抽提除去细胞中的 DNA 而得到阴性反应,从而证明了孚尔根反应的专一性。

三、实验设备、材料与试剂

1. 实验设备

光学显微镜、冰箱、烘箱、水浴锅、染色缸、100 mL 小烧杯、载玻片、盖玻片、吸水纸等。

2. 实验材料与试剂

材料：洋葱根尖或蚕豆根尖。

试剂：

(1)1 mol/L HCl 溶液：取质量分数为 36.5%、密度 1.18 g/cm^3 的浓 HCl 溶液 4.5 mL，加蒸馏水定容至 500 mL。

(2)希夫试剂：①称取 1 g 碱性品红加入 200 mL 煮沸的蒸馏水中，继续煮沸 5 min，并随时搅拌；②待冷却至 50 ℃时，过滤到棕色试剂瓶中；③待冷却至 25 ℃时，加入 1 mol/L HCl 溶液 100 mL 和 15 g 偏亚硫酸钠($Na_2S_2O_5$)或偏亚硫酸钾 $K_2S_2O_5$，充分混合，塞紧瓶塞，用黑纸包好，置于黑暗处过夜，18～21 h 即可使用。此时溶液应呈无色或淡黄色。如果次日溶液颜色变深，可加入 0.25～0.5 g 活性炭剧烈振荡1 min，过滤后即得无色的希夫试剂。

(3)漂洗液：1 mol/L HCl 溶液 5 mL、10%$Na_2S_2O_5$溶液 5 mL、蒸馏水 100 mL。漂洗液应在使用时配制，保持新鲜。若溶液中失去 SO_2气味，则不能使用。

(4)5%三氯乙酸溶液：5 g 三氯乙酸溶解于蒸馏水中，定容至 100 mL。

(5)0.5%固绿乙醇溶液(95%乙醇溶液)：0.5 g 固绿粉末溶于 99.5 g 95%乙醇中。

四、实验方法

1. 实验流程图

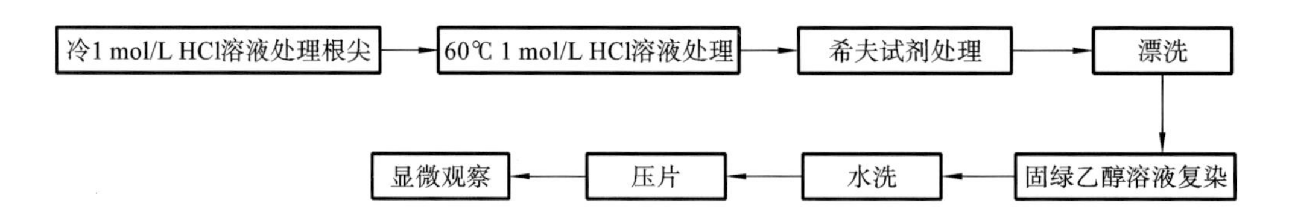

2. 实验内容

1)实验组

(1)将保存液中的根尖材料放入冷 1 mol/L HCl 溶液中处理 2 min。

(2)取出根尖,移入 60 ℃ 1 mol/L HCl 溶液处理 8～10 min。

(3)再次将根尖放入冷 1 mol/L HCl 溶液中 2 min。

(4)倒去 1 mol/L HCl 溶液,水洗 3 次,每次停留 5 min。

(5)将根尖材料放入希夫试剂(25～28 ℃)中 30 min,使根的尖端部分染成红色。

(6)在漂洗液中洗 3 次,每次 10 min,再水洗 3 次。

(7)复染:用 0.5%固绿乙醇溶液染色 1 min(此步要快,以免过度染色)。

(8)用蒸馏水洗去多余染料。

(9)取根的尖端部分 2～3 mm,置于载玻片上,捣碎,压片。

(10)显微观察:由于 DNA 主要分布在细胞核,所以经希夫试剂反应着色后,细胞核呈现深紫红色,而细胞的其他部分无色。如用固绿乙醇溶液复染,则细胞质和核仁呈现浅绿色。

2)对照组

将根尖材料放入 5%三氯乙酸,90 ℃处理 15 min,取出用蒸馏水洗后,按步骤(1)～(10)操作。

3. 注意事项

(1)希夫试剂的质量:希夫试剂的质量直接影响着 DNA 的呈色反应,所以应选用质量好的碱性品红来配制希夫试剂,并注意避光保存,防止氧化变红失效。

(2)稀酸水解的时间:孚尔根反应的一个关键步骤是水解 DNA,使其释放出游离的醛基,但水解时间要适宜。

(3)进行孚尔根反应时,一般要做对照切片以便验证反应结果。

五、思考题

(1)孚尔根反应的原理及关键步骤是什么?

(2)为什么孚尔根反应中要设立对照组?

实验十九　溶酶体中酸性磷酸酶的显示与观察

一、实验目的

(1)了解铅沉淀法显示细胞中酸性磷酸酶的原理。

(2)观察酸性磷酸酶在细胞中的分布情况。

二、实验原理

细胞中的酸性磷酸酶(acid phosphatase,ACP)是溶酶体的标志酶。在酸性(pH 5.0)条件下,ACP会水解磷酸酯,释放磷酸根离子。磷酸根离子与底物中的铅离子可生成磷酸铅沉淀。但磷酸铅沉淀没有颜色,无法观察,故加入硫化铵与之反应,生成棕黑色的硫化铅沉淀,来定位细胞中的ACP(本实验磷酸酶选用β-甘油磷酸钠,铅盐为硝酸铅)。其反应过程如下:

$$\beta\text{-甘油磷酸钠} \xrightarrow{ACP} \text{甘油} + PO_4^{3-}$$

$$2PO_4^{3-} + 3Pb^{2+} \longrightarrow Pb_3(PO_4)_2\downarrow(\text{无色})$$

$$Pb_3(PO_4)_2 + 3S^{2-} \longrightarrow 3PbS\downarrow(\text{棕黑色}) + 2PO_4^{3-}$$

三、实验设备、材料与试剂

1. 实验设备

光学显微镜、恒温水浴锅、解剖刀、注射器、吸管、载玻片、盖玻片等。

2. 实验材料与试剂

材料:小白鼠。

试剂:

3% β-甘油磷酸钠、2%硫化铵溶液等。

(1)小白鼠腹腔液:6%淀粉溶液。

(2)50 mmol/L 醋酸缓冲液:A 液(0.2 mol/L 乙酸液),取冰醋酸 1.2 mL 加入蒸馏水定容至 100 mL。B 液(0.2 mol/L 乙酸钠溶液),称取乙酸钠(NaCH3COO·$3H_2O$)2.7 g 加入蒸馏水定容至 100 mL。取 A 液 30 mL、B 液 70 mL,再加入 300 mL 蒸馏水,充分混匀即可。

(3)ACP 孵育液:25 mg $Pb(NO_3)_2$溶于 22.5 mL 50 mmol/L 醋酸缓冲液中,再逐滴加入 2.5 mL 3% β-甘油磷酸钠,边加边搅拌,防止产生沉淀。

(4)福尔马林-钙固定液:10 g $CaCl_2$溶于蒸馏水中,定容至 100 mL,制成 10% $CaCl_2$溶液。取 10 mL 该溶液及 10 mL 甲醛加入 80 mL 蒸馏水中,混匀即得福尔马林-钙固定液。

四、实验方法

1. 实验流程图

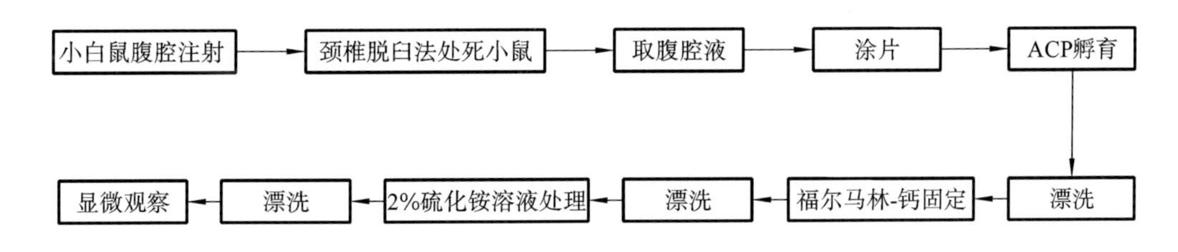

2. 实验内容

(1)实验前 3 天每天向小白鼠腹腔中注射 1 mL 6%淀粉溶液。

(2)颈椎脱臼法处死小白鼠,用解剖刀切开腹腔,吸取适量腹腔液,制备涂片 2 张。

(3)其中一张涂片作为实验组放入 ACP 孵育液中(37 ℃)孵育 30 min,蒸馏水漂洗;另一张作为对照组放入 56 ℃烤箱中 15 min 后,再转入 ACP 孵育液中(37 ℃)孵育 30 min,蒸馏水漂洗。

(4)2 张涂片分别用福尔马林-钙固定液固定 5 min,蒸馏水漂洗。

(5)2 张涂片分别用 2%硫化铵溶液处理 3 min,蒸馏水漂洗。

(6)光学显微镜观察(图 19-1)。

(a) 实验组结果图

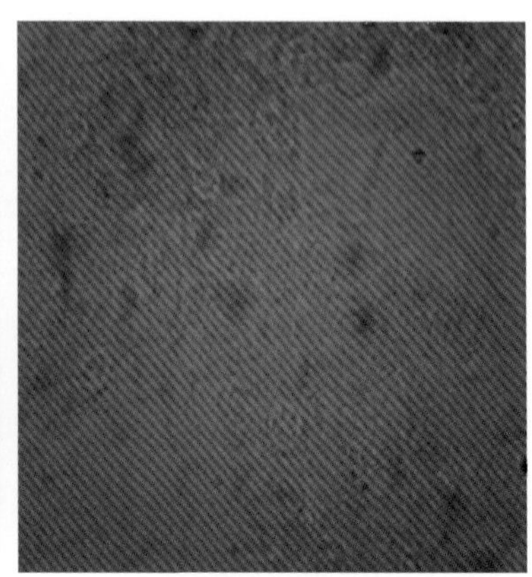

(b) 对照组结果图

图 19-1　溶酶体中酸性磷酸酶染色图

3. 注意事项

(1)对照组的处理可以用两种方法,一种方法是 ACP 孵育液中不加 β-甘油硫酸钠;另一种方法是在转入 ACP 孵育液之前,先在 56 ℃的烤箱中处理 15 min,使酶失去活性,并在载玻片上做好标记。

(2)ACP 孵育液要现配现用,出现浑浊或沉淀的 ACP 孵育液不能使用,否则会影响实验结果。

五、思考题

(1)为什么要提前 3 天给小鼠腹腔注射淀粉溶液?

(2)你认为本实验中最关键的步骤有哪些?

实验二十 过氧化物酶的染色与观察

一、实验目的

掌握联苯胺法显示细胞内过氧化物酶的原理和方法。

二、实验原理

过氧化物酶(peroxidase,POD)是广泛存在于动物、植物和微生物体内的一类氧化还原酶。它以过氧化氢为电子受体催化底物氧化,与呼吸作用、植物光合作用及生长素氧化等有密切关系。

过氧化物酶主要存在于细胞过氧化物酶体中,它以铁卟啉为辅基,可催化过氧化氢、氧化酚类、胺类化合物,具有清除过氧化氢及消除酚类、胺类毒性的双重作用。它还参与脂肪酸分解、含氮物质的代谢、氧浓度的调节等生理过程。通过3,3′-二氨基联苯胺(3,3′-Diaminobenzidine,DAB)可对细胞内过氧化物酶进行显微定位。

显示细胞内过氧化物酶的具体原理是细胞内的过氧化物酶能将无色的DAB的氢原子传递给过氧化氢,使DAB氧化为蓝色或棕色聚合物。其中蓝色聚合物不稳定,可自然转化为棕色聚合物,这种棕色聚合物在细胞质中就是POD所在部位。因此,根据显色反应可在光学显微镜下观察到过氧化物酶在细胞中的分布情况。

三、实验设备、材料与试剂

1. 实验设备

光学显微镜、剪子、镊子、载玻片、牙签和吸管等。

2. 实验材料与试剂

材料:小白鼠。

试剂:

(1)0.5%硫酸铜溶液:0.5 g 硫酸铜溶于 99.5 g 蒸馏水中。

(2)0.1% DAB 和 H_2O_2混合液:将 0.1 g DAB 加入蒸馏水中溶解后,加 2 滴 3% H_2O_2溶液,定容至 100 mL,储存于棕色试剂瓶中。

(3)1%番红溶液:1 g 番红溶于双蒸水中,定容至 100 mL。

四、实验方法

1. 实验流程图

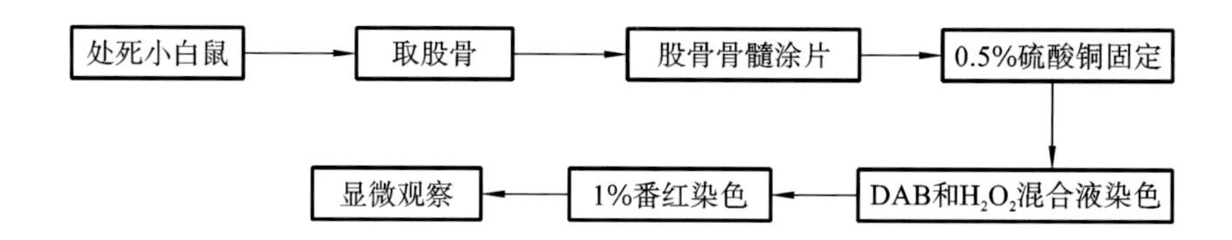

2. 实验内容

(1)采用颈椎脱臼法处死小白鼠,剪开大腿上的皮肤和肌肉,取出股骨。

(2)剪断股骨,用牙签挑出骨髓,在载玻片上制备涂片 2 张,晾干。

(3)2 张涂片分别用 0.5%硫酸铜溶液固定 1 min。

(4)弃去 0.5% 硫酸铜溶液,其中一张作为实验组用 0.1% DAB 和 H_2O_2混合液染色 6 min,蒸馏水冲洗干净;另一张作为对照组用等体积的蒸馏水浸泡 6 min,蒸馏水冲洗干净。

(5)2 张涂片分别用 1% 番红溶液染色 1 min,自来水冲洗干净,晾干。

(6)显微观察:实验组骨髓细胞中可见蓝色或棕色颗粒,显示过氧化物酶所在部位;对照组未见明显的蓝色或棕色颗粒。

3. 注意事项

(1)对照组可不加 0.1% DAB 和 H_2O_2混合液,而以等体积蒸馏水代替。

(2)严格控制孵育和反应时间。时间不能过长,否则颜色会有异常变化。

五、思考题

(1)过氧化物酶联苯胺法反应的原理是什么?

(2)过氧化物酶在动物细胞中有哪些作用?

第五章　细胞的生理活动

实验二十一　细胞膜的通透性观察

一、实验目的

(1)了解细胞膜的通透性及各类物质进入细胞的速度。

(2)了解红细胞溶血的原理。

二、实验原理

细胞膜是细胞与周围环境和细胞与细胞间进行物质交换和信息传递的重要通道。细胞膜最重要的特性是选择透过性,对进出细胞的物质有很强的选择性。这是细胞膜最基本的一种功能,如果丧失了这种功能,细胞就会死亡。

细胞膜对小分子的跨膜运输包括水、电解质和非电解质溶质。根据对人工不含蛋白质的磷脂双分子层研究物质的通透性表明,只要时间足够长,任何分子都能顺浓度梯度扩散透过脂双层,但不同分子通过脂双层扩散的速率差别很大,主要取决于它们在脂类和水之间的分配系数及其分子的大小。分子越小,分配系数越大,透过脂双层的速率越大。从图 21-1 可以看出:小的、亲脂性的、非极性分子(如 O_2、CO_2、N_2)容易溶解于脂双层,可迅速透过脂双层;小的、不带电荷的极性分子(如水、乙醇、尿素、胆固醇、甘油等)如果足够小时,也能很快透过脂双层;大的、不带电荷的极性分子(如葡萄糖、蔗糖等)可以跨膜扩散运输,但透过脂双层比较困难;对于带电荷的分子或离子,由于这些分子的电荷及高的水化度,不管多小,都很难透过脂双层的疏水区,它们要通过载体介导的主动运输方式跨膜运输。所以人工脂双层对水的透过性比那些直径小得多的 Na^+ 和 K^+ 大得多。

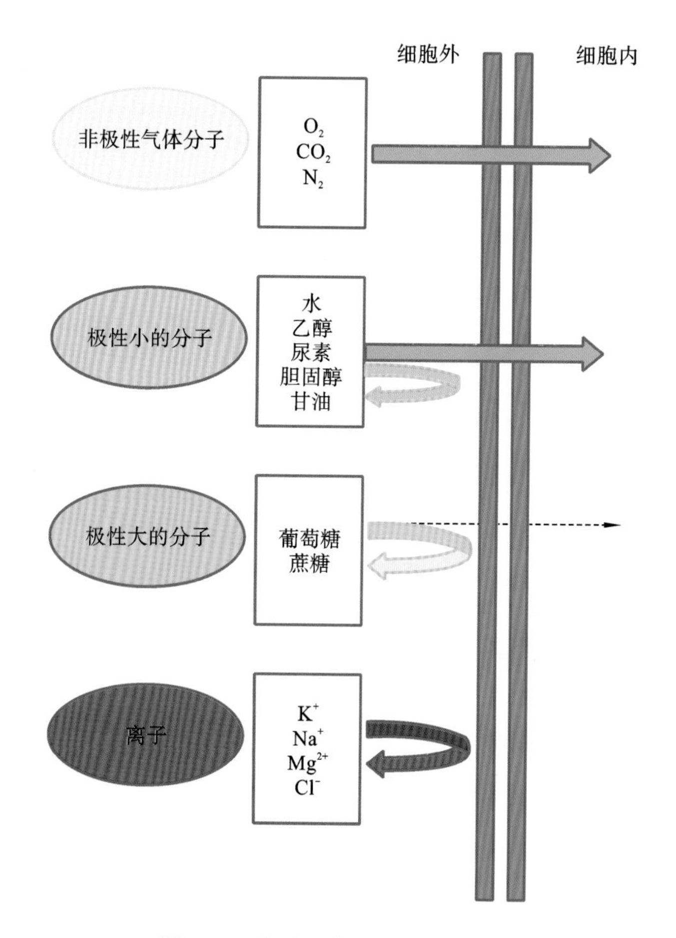

图 21-1　物质跨膜运输方式示意图

与人工脂双层不同的是,生物膜不但允许水和非极性分子依靠简单扩散作用透过,还允许各种极性分子,如离子、糖、氨基酸、核苷酸及很多细胞代谢产物以特有的机制透过。

如果将红细胞放置在各种溶液中,根据红细胞质膜对各种溶质的通透性不同,有的溶质可渗入,有的溶质不能渗入。即使能渗入,速度也有差异。可通过观察红细胞发生溶血现象时间的不同来记录渗入速度。将红细胞放在低渗溶液中，水分子大量渗入细胞内，可使细胞涨破，血红蛋白释放到介质中，溶液由不透明红细胞悬液变为红色透明的血红蛋白溶液，这种现象称为溶血。渗入红细胞的溶质能提高红细胞渗透压，使水进入红细胞，引起溶血及细胞膜破裂。此时光线较容易通过溶液，使溶液呈现透明，即为溶血。由于溶质渗入速度不同，溶血时间也不同。因此，可通过溶血现象来测量细胞质膜对各种物质通透性的差别。

三、实验设备、材料与试剂

1. 实验设备

50 mL 小烧杯、10 mL 移液管、试管、试管架等。

2. 实验材料与试剂

材料：羊血。

试剂：生理盐水、0.17 mol/L 氯化铵溶液、0.32 mol/L 醋酸铵溶液、0.17 mol/L 硝酸钠溶液、0.12 mol/L 草酸铵溶液、0.12 mol/L 硫酸钠溶液、0.32 mol/L 葡萄糖溶液、0.32 mol/L 甘油溶液、0.32 mol/L 乙醇溶液、0.32 mol/L 丙酮溶液等。

四、实验方法

1. 实验流程图

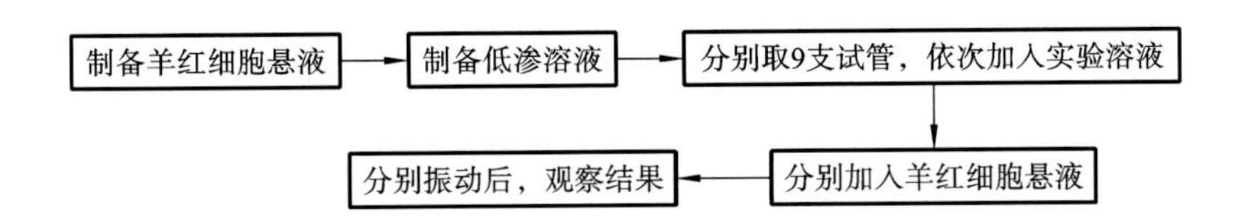

2. 实验内容

(1)制备羊红细胞悬液：取 2 份血液，加入 8 份生理盐水溶液混匀。

(2)制备低渗溶液：取试管一支，加入 5 mL 蒸馏水，再加入 1 mL 稀释的血液，混匀。注意观察溶液颜色的变化，由不透明的红色逐渐澄清，光线比较容易透过溶液，说明红细胞发生破裂造成100%红细胞溶血，这也是溶血实验的阳性对照。

(3)红细胞的渗透性检测：取一支试管，加入5 mL 0.17 mol/L 氯化铵溶液，再加入1 mL稀释的血液，并轻轻振荡，颜色有无变化？有无溶血现象？为什么？若发生溶血，记下自加入稀释血液到溶液变成红色透明澄清所需时间。

(4)分别使用另外几种溶液进行同样的实验，步骤同(3)。

3. 注意事项

(1)试管要根据实验所加的溶液编号并标注，吸管也要对应编号。切勿混淆，保证实验结果的准确性。

(2)先加溶液，再加羊红细胞悬液，以低渗溶液为阳性对照进行比对，认真观察溶液变化并准确计时。

(3)判断溶血的标准：①试管内液体分层明显，上层浅黄色透明，下层红色不透明，镜检细胞形状正常，为不溶血；②试管内液体浑浊，上层红色，镜检发现部分细胞破裂，为不完全溶血；③试管中液体变红、透明，不分层，镜检细胞完全破裂，为完全溶血。实验结果观察情况如图21-2所示。

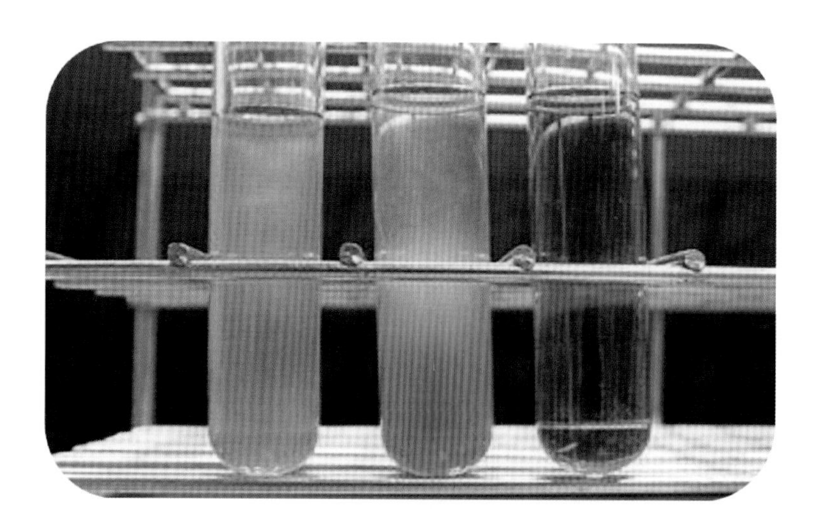

图21-2 羊红细胞渗透性实验结果图

注：左图和中间图均为不溶血，右图为溶血

五、思考题

(1)什么是溶血？红细胞为何在有些等渗溶液中会发生溶血现象？

(2)羊红细胞在本实验设计的各种溶液中发生溶血或不发生溶血的原因分别是什么？

(3)结合本实验的现象和相关理论知识，谈谈细胞膜在物质的跨膜运输和细胞识别中的作用。

实验二十二　线粒体膜电位的检测

一、实验目的

掌握检测线粒体膜电位的原理和方法。

二、实验原理

罗丹明 123(Rhodamine 123)是一种可透过细胞膜的阳离子荧光染料，是一种线粒体跨膜电位的指示剂，其在正常细胞中能够依赖线粒体跨膜电位进入线粒体基质，导致荧光强度减弱或消失。当线粒体膜完整性遭到破坏时，线粒体膜上的转运孔异常开放，引起线粒体跨膜电位崩溃，Rhodamine 123 会从线粒体中重新释放出来，从而发出强黄绿色荧光。因此可通过荧光信号的强弱来检测线粒体膜电位的变化。

三、实验设备、材料与试剂

1. 实验设备

超净工作台、CO_2培养箱、离心机、荧光显微镜或激光扫描共聚焦显微镜等。

2. 实验材料与试剂

材料：HEK293 细胞、激光共聚焦细胞培养皿(confocal dish)、1.5 mL 无菌离心管、5 mL 无菌离心管、无菌移液管等。

试剂：DMEM 细胞培养基、青霉素链霉素混合液、胎牛血清、PBS、Rhodamine 123 等。

四、实验方法

1. 实验流程图

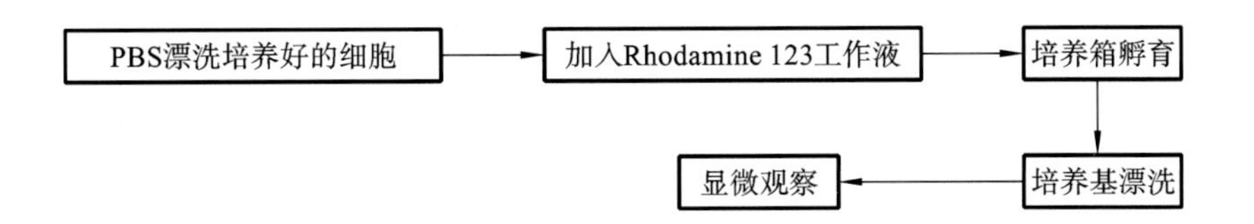

2. 实验内容

(1)将 HEK293 细胞提前铺于激光共聚焦细胞培养皿中,培养箱培养 24 h。

(2)用 DMEM 细胞培养基稀释 Rhodamine 123 储存液,使其工作液浓度为 1～20 μmol/L,具体工作浓度取决于细胞类型。

(3)弃去已培养有培养皿中的培养基,用 1 mL PBS 漂洗一遍,然后加入 1 mL 上述稀释好的 Rhodamine 123 工作液,37 ℃培养箱孵育 30～60 min(避光)。

(4)弃去 Rhodamine 123 工作液并用培养基漂洗一遍,以除去未结合的染料。

(5)加入适量的 DMEM 细胞培养基,用荧光显微镜或激光扫描共聚焦显微镜观察并拍照。

3. 注意事项

(1)加入 Rhodamine 123 的浓度和染细胞的时间要根据细胞浓度和细胞类型摸索确定。

(2)荧光染料在孵育及后续操作过程中都要注意避光,以免荧光淬灭。

五、思考题

(1)用 Rhodamine 123 染细胞时为什么要避光?

(2)如果 Rhodamine 123 染细胞时间过短或者过长,会分别观察到什么现象?

实验二十三　细胞吞噬的实验观察

一、实验目的

(1)掌握诱导小白鼠腹腔巨噬细胞吞噬现象的原理。

(2)在显微镜下,观察和分析细胞吞噬作用的基本过程。

二、实验原理

吞噬作用(phagocytosis)是吞噬细胞对抗原物质摄入的过程。吞噬的概念最早提出于1863年,是胞吞机制的一种。在漫长的生物演化史上,作为最古老的细胞现象之一,吞噬最初的角色是单细胞生物用以获取营养的手段,这一功能在演化史上不断延续。吞噬物的直径一般大于0.5 μm,需要较大规模的肌动蛋白重构机制参与,因此吞噬现象与其他胞吞机制交叉,如受体、内体形成、溶酶体融合等。但由于其独特的属性与功能,吞噬现象具有一些专属的机制和相关术语,如内吞之后形成吞噬小体,并与溶酶体结合形成吞噬溶酶体从而消化及降解内吞物等。

单细胞动物通过细胞吞噬作用从外界摄取营养物质。高等动物组织和血液中广泛分布有巨噬细胞、树突状细胞和中性粒细胞等,它们通过吞噬作用抵御微生物的侵入、清除衰老和死亡的细胞等。当机体受到异物侵入时,吞噬细胞便向异物处聚集。首先异物被吸附在细胞表面,随后吸附区域的细胞膜向内凹陷,并伸出伪足包围异物,发生内吞作用形成吞噬体(phagosome)。吞噬体与胞内溶酶体融合,将异物消化分解。

三、实验设备、材料与试剂

1. 实验设备

显微镜、注射器、载玻片、盖玻片、解剖剪等。

2. 实验材料与试剂

材料：1％鸡红细胞悬液、小白鼠（体重 20 g 左右）、Wright 染料、6％淀粉肉汤（含台盼蓝染料）。

试剂：

(1)6％淀粉肉汤：牛肉膏 0.3 g、蛋白胨 1.0 g、NaCl 0.5 g、蒸馏水 100 mL、可溶性淀粉 6.0 g，煮沸灭菌，置于 4 ℃冰箱内保存，用时水浴融化。

(2)1％台盼蓝染液：台盼蓝粉 1 g，溶于生理盐水中，定容至 100 mL，配制时要加热使之完全溶解，置于 4 ℃冰箱内保存。使用时在 6％淀粉肉汤中加入 1 mL 1％台盼蓝染液混匀。

四、实验方法

1. 实验流程图

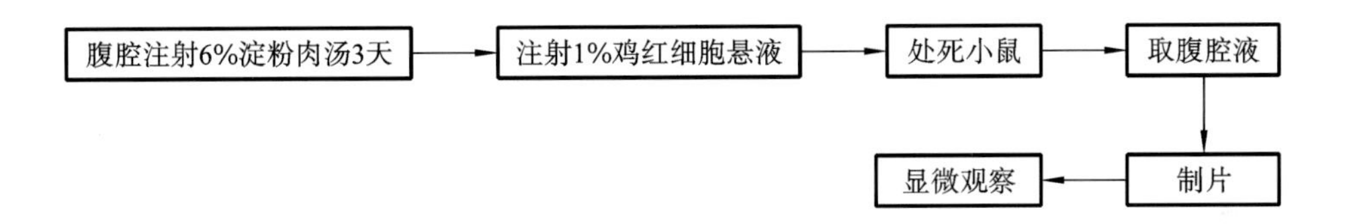

2. 实验内容

(1)实验前 3 天，每天给小白鼠腹腔注射 6％ 淀粉肉汤（含台盼蓝染料 1 mL），以诱导腹腔内产生较多的巨噬细胞。

(2)实验当天，取 1 只经上述处理过的小白鼠，腹腔注射 1％ 鸡红细胞悬液 1 mL，轻揉小白鼠腹部，使悬液分散均匀。

(3)注射 30 min 后，采用颈椎脱臼法处死小白鼠，迅速剖开腹腔，用未装针头的注射器贴腹腔背壁处抽取腹腔液。

(4)滴 1 滴腹腔液于洁净载玻片上，推成涂片，晾干。

(5)用 Wright 染料染色 10 min，细流水冲洗，晾干。

(6)高倍镜显微镜下观察，计数（图 23-1）。

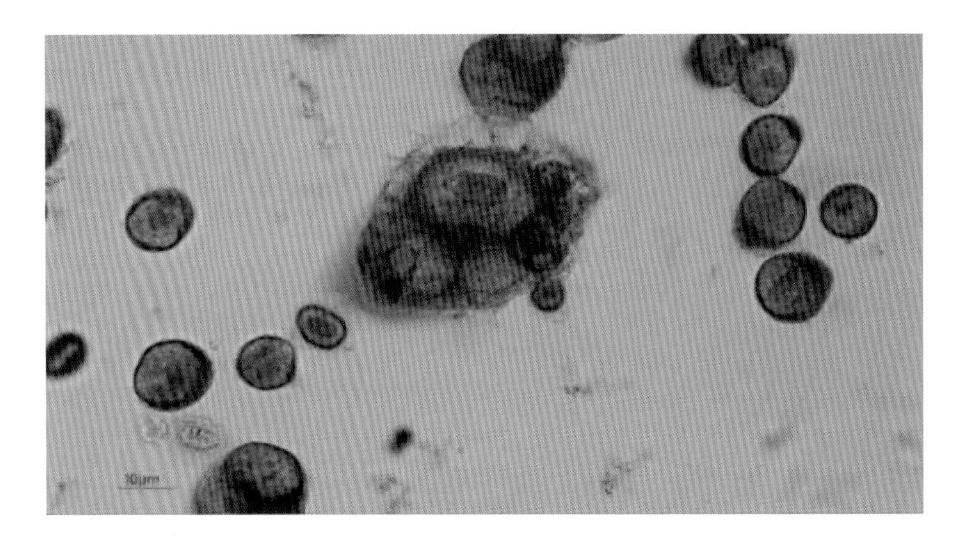

图 23-1　巨噬细胞吞噬鸡红细胞结果图

将视野光线调暗，在高倍镜下，先分清鸡红细胞和巨噬细胞。鸡红细胞为淡黄色、椭圆形、有核的细胞。巨噬细胞数量较多，体积较大，圆形或不规则形状，其表面有许多似毛刺状的小突起(伪足)，胞质中有数量不等的蓝色颗粒(为吞噬含台盼蓝的淀粉肉汤形成的吞噬泡)。变换视野，可看到巨噬细胞吞噬鸡红细胞的不同阶段情况。有的鸡红细胞紧紧贴附于巨噬细胞表面，有的鸡红细胞部分或全部被巨噬细胞吞入，形成吞噬泡。有的巨噬细胞内的吞噬泡已与溶酶体融合，正在被消化。

$$\text{吞噬百分率}=\frac{100\text{个巨噬细胞中已吞噬了鸡红细胞的巨噬细胞的数目}}{100}\times 100\%$$

$$\text{吞噬指数}=\frac{100\text{个巨噬细胞中吞噬鸡红细胞的数目}}{100\text{个巨噬细胞中已吞噬了鸡红细胞的巨噬细胞的数目}}\times 100\%$$

3. 注意事项

(1)小白鼠是较为常用的实验动物，捉拿时要将小白鼠放在鼠笼盖铁网上，用右手持其尾巴向后拉，小鼠则会尽力向前蹬。用左手的拇指和食指抓住其头顶部皮肤，然后用左手小指与手掌之间夹住其尾巴。

(2)处死方法:处死应以安乐死为原则,使之无痛苦而迅速死亡。常用的方法有颈椎脱臼法、断头法和二氧化碳吸入法等。断头法需用特殊的断头器,二氧化碳吸入法则将小鼠放入盛有二氧化碳的容器内即可。颈椎脱臼法的具体方法:左手拇指和食指按住小白鼠的头部,右手捏住其尾巴迅速向后猛拉,使其颈椎脱位而立即死亡。

五、思考题

(1)为什么要事先向小白鼠腹腔注射含台盼蓝的淀粉肉汤?

(2)分析细胞的吞噬活动在生物体物质代谢和防御反应中的作用。

实验二十四　细胞自噬的诱导与检测

一、实验目的

(1)了解检测细胞自噬的基本原理与常用检测方法。

(2)掌握采用蛋白质印迹法检测细胞自噬标志性分子的原理和基本操作。

二、实验原理

细胞自噬(autophagy)是细胞在外界信号(例如饥饿、药物等)或当细胞受损、变形、衰老等刺激下,自身细胞器和大分子物质被小囊泡样结构包裹形成自噬体,进而与溶酶体直接融合形成自噬溶酶体,在溶酶体内消化降解的过程。细胞自噬通常分为巨自噬、微自噬和分子伴侣介导的自噬。细胞自噬检测方法主要包括自噬体形态显微观察以及自噬体表面蛋白分子标记检测。微管相关蛋白1轻链3(microtubule-associated protein 1 light chain 3,LC3)是自噬体标记蛋白。细胞自噬发生时,自噬体中LC3-Ⅰ型分子和磷脂酰乙醇胺(phosphatidylethanolamine,PE)偶联形成LC3-Ⅱ型分子,表现出LC3-Ⅰ减少和LC3-Ⅱ增加。因此通过蛋白质印迹法(Western blotting)实验检测LC3-Ⅰ和LC3-Ⅱ蛋白的表达,计算LC3-Ⅱ/LC3-Ⅰ的值,可体现细胞自噬水平。

三、实验设备、材料与试剂

1. 实验设备

超净工作台、CO_2培养箱、超声破碎仪、电泳系统(包括垂直板电泳槽,配套的玻璃板、梳子、电泳仪)、水浴锅等。

2. 实验材料与试剂

材料:HEK293细胞。

耗材：无菌离心管、无菌枪头、35 mm 培养皿、1.5 mL 离心管、PVDF 膜等。

试剂：雷帕霉素，DMEM 细胞培养基，胎牛血清，0.25%胰蛋白酶；RIPA 裂解液，BCA 蛋白质浓度测定试剂盒；30%丙烯酰胺溶液，10%SDS 溶液，10%过硫酸铵溶液，1.5 mol/L Tris-HCl 缓冲液（pH 8.8），5×SDS-PAGE 凝胶电泳上样缓冲液（2% SDS 溶液，50 mmol/L Tris-HCl 溶液、10%甘油溶液、1% β-巯基乙醇溶液、0.1%溴酚蓝溶液），1.0 mol/L Tris-HCl 缓冲液（pH 6.8），电泳缓冲液（1 L 中含 1 g SDS、3.03 g Tris-HCl、14.4 g 甘氨酸），转膜缓冲液（1 L 中含 3.03 g Tris-HCl 和 14.4 g 甘氨酸），Tris-HCl 洗液（pH 7.5），5%BSA 封闭液（5%的牛血清白蛋白溶液），抗 LC3 抗体，对应种属的第二抗体；ECL 发光液等。

四、实验方法

1. 实验流程图

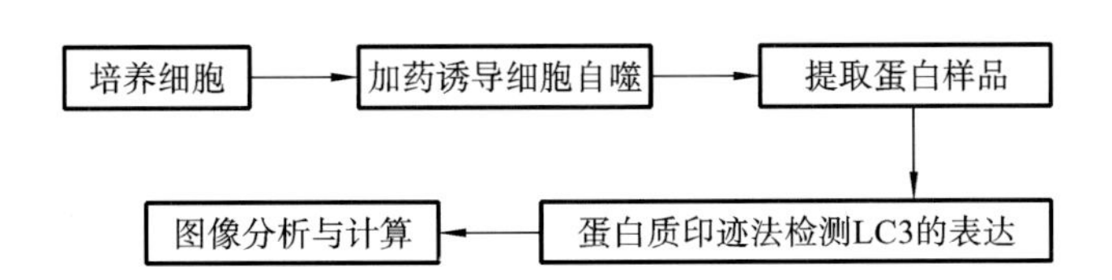

2. 实验内容

(1)将细胞接种于 35 mm 培养皿中，采用不含抗生素的培养基，37 ℃、5%CO_2 条件下培养至 60%～70%丰度。

(2)自噬诱导：采用终浓度为 500 nmol/L 雷帕霉素处理培养的细胞，24 h 后收集贴壁的细胞，用 RIPA 裂解液裂解贴壁细胞，采用超声破碎仪破碎细胞，分离蛋白质，并采用 BCA 蛋白质浓度测定试剂盒进行蛋白质定量检测。

(3)蛋白质样本制备：配制相同蛋白质量的样本，加入蛋白质上样缓冲液，沸水浴加热 5 min。

(4)SDS-PAGE 电泳分离：使用 SDS-PAGE 凝胶配制试剂盒配制相应浓度的 SDS-PAGE 凝胶。将蛋白样品与蛋白质分子标准 Marker 加到 SDS-PAGE 凝胶加样孔内，首先用 80～100 V 电压恒压电泳浓缩至溴酚蓝进入下层胶，换 120 V 电压恒压电泳分离 90～120 min，至溴酚蓝到达胶底端处附近。

(5)转膜:电泳结束后,切去浓缩胶部分,将分离胶浸泡在转膜缓冲液中,将面积相近的PVDF膜置于甲醇中浸泡5 min后,与分离胶以及缓冲液预处理的滤纸和海绵垫等按顺序平铺于电转移装置阴极电极板上,依次放置海绵垫、3张滤纸、凝胶、膜、3张滤纸、海绵垫。最后用玻璃棒排出所有气泡,盖上阳极电极板。将电转移装置安装在电转仪中,加入600～800 mL的转膜缓冲液,冰浴条件下110 V转移130 min。

(6)一抗反应:转膜完毕后,将膜放至5%BSA封闭液中室温下缓慢摇动1 h,然后将膜放入预先稀释的一抗中,室温放置1 h或4 ℃下过夜孵育,最后用PBS洗膜3次。

(7)二抗反应:将用PBS清洗3次的膜放入稀释的二抗中,室温下缓慢摇动,孵育1 h,然后用PBS洗3次。

(8)成像并记录实验结果:利用化学发光成像系统进行化学显影、拍照和条带灰度计算。

3. 注意事项

(1)分离胶和浓缩胶制备时需确保胶内没有气泡,以免影响实验结果。

(2)上样时在样品不多的情况下,应将样品加在中间孔位,以减少边缘效应对实验的影响。

(3)加样时无菌枪头不可过低,以防刺破胶体;也不可过高,否则样品下沉时易发生扩散,溢出加样孔。

(4)电泳时最好使用稳压电源:浓缩胶时以80～100 V恒压电泳,分离胶时以120 V恒压电泳。

(5)转膜时需戴手套,避免用手接触滤纸、凝胶和膜,且保证方向正确(凝胶在阴极,膜在阳极)。

(6)洗涤效果直接影响结果背景的深浅,所以一定要洗涤干净。

五、思考题

(1)雷帕霉素诱导细胞自噬的原理是什么?

(2)蛋白质印迹法检测细胞自噬的优缺点各是什么?

第六章　细胞周期与染色体分析

实验二十五　细胞有丝分裂标本的制备与观察

一、实验目的

通过标本制备和观察，了解生物体细胞有丝分裂的形态特征及分裂过程。

二、实验原理

有丝分裂是真核生物体细胞的基本增殖方式。高等植物有丝分裂主要发生在根尖、茎生长点、幼叶等部位的分生组织。在有丝分裂时，细胞核与细胞质有很大的变化，但以细胞核内染色体的变化最为明显，而且是有规律地进行。在有丝分裂过程中，真核细胞的染色质凝集成染色体，每条染色体复制一份，复制的姐妹染色单体在纺锤丝的牵拉下移向两极，精确地平均分配到两个子细胞中，从而使两个子细胞与其母细胞所含的染色体在数目、形态和性质上都相同。由于染色体上有遗传物质 DNA，因而在生物的亲代和子代之间保持了遗传性状的稳定性。由于染色体的这种特异性、恒定性、连续性和在细胞分裂过程中的正确复制及分配，被认为是遗传物质的载体，是遗传物质传递规律的细胞学基础。可见，细胞的有丝分裂对于生物的遗传具有重要意义。

植物细胞的细胞周期与动物细胞的标准细胞周期非常相似，含有 G_1 期、S 期、

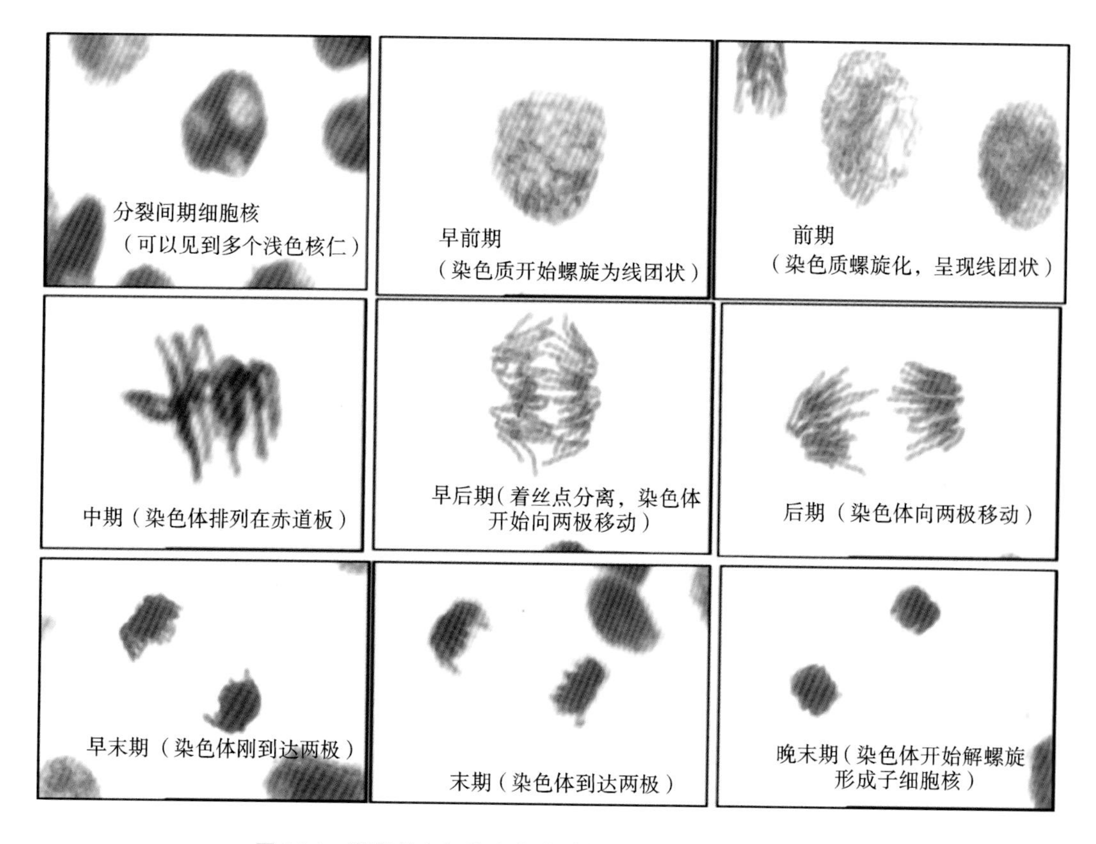

图 25-1　洋葱根尖细胞有丝分裂各期染色体形态及特征图

五、思考题

(1)比较动物细胞和植物细胞有丝分裂的异同点。

(2)简述制备根尖临时压片步骤,并绘图记录洋葱根尖有丝分裂各期细胞。

(3)子细胞中的染色体与母细胞中的染色体是否相同?为什么?有什么生物学意义?

实验二十六　细胞减数分裂标本制备与观察

一、实验目的

通过标本制备和观察，了解生殖细胞的减数分裂过程。

二、实验原理

减数分裂是发生于有性生殖生物配子成熟过程中的一种细胞分裂，又称成熟分裂，其主要特征是生殖细胞连续进行两次核分裂后，细胞中的染色体数目减半，保证了在有性生殖过程中上下代生物体染色体数目的恒定，从而使物种在遗传上具有相对的稳定性。与此同时，在减数分裂过程中发生的遗传物质的交换、重组及自由组合，增加了生物体更多的变异机会，确保了生物的多样性。其另外一个特点是前期特别长，而且变化复杂，包括同源染色体的配对、交换、分离和非同源染色体的自由组合等。

蝗虫染色体数目较少，染色体较大，易于观察。蝗虫以夏、秋两季采集为宜。蝗虫雌雄个体的形态特征有明显的差别，雄体腹部末端为交配器，形似船尾，而雌体末端分叉，与雄体明显不同。捕到雄蝗虫后用镊子夹住其尾部向外拉，可见到一团橘黄色团状结构的组织块，这就是蝗虫的精巢。

蝗虫精巢取材方便，标本制备方法简单，因此，蝗虫精巢一向被视为减数分裂实验传统材料。蝗虫初级精母细胞染色体数 $2n=22+X$，经过减数分裂形成四个精细胞，每个精细胞的染色体数为 $n=11+X$ 或 $n=11$（注：蝗虫的性别决定与人类不同，雌性有 2 条 X 染色体，雄性为 XO，即只有 1 条 X 染色体，没有 Y 染色体），一般多采用它来研究观察减数分裂染色体的形态变化。

三、实验设备、材料与试剂

1. 实验设备

显微镜、擦镜纸、解剖针、镊子、载玻片、盖玻片、吸水纸、培养皿等。

2. 实验材料与试剂

材料：蝗虫精巢。

试剂：70%乙醇、改良碱性品红染液等。

四、实验方法

1. 实验流程图

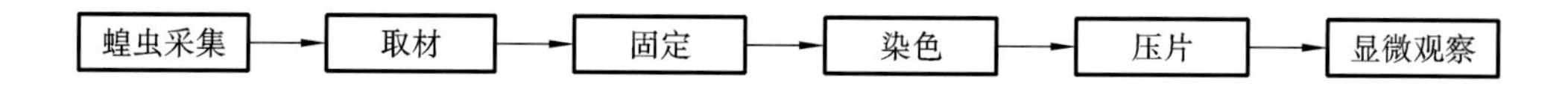

2. 实验内容

1)蝗虫精巢压片标本的制备

(1)蝗虫采集：采集到各期分裂相的标本是实验成功的关键，达到这一目的的关键是要把握两点。一是采集时间，湖北地区的采集时间一般以 7 月 15—25 日为宜；二是虫体特征，雄蝗虫翅膀长到刚好盖住腹部一半时，正好是雄蝗虫精子发生的高峰时期，最适合采集，在田埂、河边、路旁的草丛中均可采到。

(2)取材：将采集到的雄蝗虫，用大头针固定在木板或纸盒上，沿腹部背中线剪开体壁，可见消化管背侧的浅黄色结构，即为精巢，用镊子分离出来。

(3)固定：把取出的精巢立即放入卡诺氏(Carnoy)固定液中，固定 1 h。期间可用大头针小心分离精小管，加速固定，促进脂肪溶解。固定后，移入 70%乙醇中存放于 4 ℃冰箱中备用。

(4)染色：取 2～3 条精小管于载玻片上，用镊子将精小管轻轻捣碎，滴加1～2滴改良碱性品红染液，染色 6～10 min。

(5)压片及显微观察：将染色后的材料盖上盖玻片，在盖玻片上盖上两层吸水纸，将多余的染液吸干。用左手的食指压紧，防止盖玻片滑动，再用右手持橡皮头轻敲盖玻片，使材料均匀分散开，最后用大拇指按压盖玻片。吸去溢出的染液，即可观察。

2)蝗虫精母细胞减数分裂过程观察

蝗虫精巢是由多条圆柱形的精小管组成，每条精小管由于生殖细胞发育阶段的差别可分成若干区，良好压片可见到从游离的顶端开始，依次为精原细胞、精母细胞、精细胞及精子等各发育阶段的区域(图 26-1)。

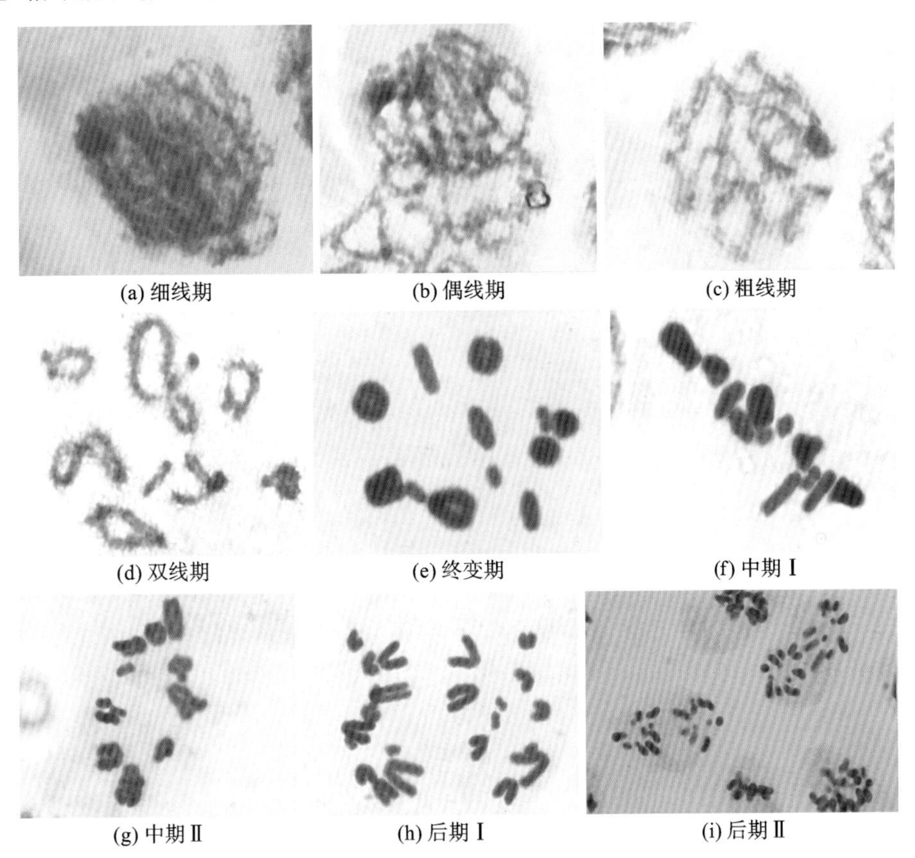

图 26-1 蝗虫精母细胞减数分裂各时期图

(1)精原细胞(spermatogonium)：位于精小管的游离端，胞体较小，以有丝分裂的方式增殖，其染色体较粗短，染色较浓。

(2)减数分裂Ⅰ(meiosis Ⅰ):减数分裂Ⅰ是从初级精母细胞到次级精母细胞的一次分裂。

①前期Ⅰ(prophase Ⅰ):在减数分裂中,以前期Ⅰ最有特征性,核的变化复杂,依染色体变化,又可分为下列各期。

细线期(leptotene stage):染色体呈细长的丝,称为染色线,弯曲绕成一团,排列无规则,染色线上有大小不一的染色粒,形似念珠,核仁清楚。

偶线期(zygotene stage):同源染色体开始配对,同时出现极化现象,各以一端聚集于细胞核的一侧,另一端则散开,形成花束状。

粗线期(pachytene stage):每对同源染色体联会完成,缩短成较粗的线状,称为二价染色体,因其由四条染色单体组成,又称四分体。

双线期(diplotene stage):染色体缩得更短一些,同源染色体开始有彼此分开的趋势,但因两者相互绞缠,有多点交叉,所以这时的染色体呈现麻花状。

终变期(diakinesis stage):染色体更为粗短,形成“Y”“V”“O”等形状,核膜、核仁消失。

②中期Ⅰ(metaphase Ⅰ):核膜和核仁消失,纺锤体形成,二价染色体排列于赤道板,着丝点与纺锤丝相连。这时的染色体组居细胞中央,侧面观呈板状,极面观呈空心花状。

③后期Ⅰ(anaphase Ⅰ):由于纺锤丝的解聚变短,两条同源染色体彼此分开,分别向两极移动。但每条染色体的着丝粒尚未分裂,故两条姐妹染色单体仍连在一起同去细胞一极。

④末期Ⅰ(telophase Ⅰ):移动到两极的染色体呈聚合状态,并解旋,同时核膜形成,胞质也均分为二,即形成2个次级精母细胞,这时每个新核所含染色体的数目只是原来的一半。至此减数分裂Ⅰ结束。

(3)减数分裂Ⅱ(meiosis Ⅱ):减数分裂Ⅱ类似一般的有丝分裂,但从细胞形态上看,可见胞体明显变小,染色体数目少。

①前期Ⅱ(prophase Ⅱ):末期Ⅰ的细胞进入前期Ⅱ状态,每条染色体的2条单体显示分开的趋势,染色体像花瓣状排列,使前期Ⅱ的细胞呈实心花状。

②中期Ⅱ(metaphaseⅡ):纺锤体再次出现,染色体排列于赤道板。

③后期Ⅱ(anaphaseⅡ):着丝粒纵裂,每条染色体的2条单体彼此分离,各成一

条子染色体,分别移向两极。

④末期Ⅱ(telophaseⅡ):移到两极的染色体分别组成新核,新细胞的核具单倍数(n)的染色体组,胞质再次分裂,这样通过减数分裂每个初级精母细胞就形成了4个精细胞。

3. 注意事项

压片时不能使用铁器和硬度较大的工具,可用铅笔橡皮头轻轻敲击,把材料压成均匀的薄层即可,注意用力适度。

五、思考题

(1)比较有丝分裂与减数分裂的异同。

(2)解释形成联会复合体的含义。

四、实验方法

1. 实验流程图

2. 实验内容

1)核型

核型是指某种生物个体或某一分类群(种、亚种或变种、居群等)一个体细胞全部染色体在有丝分裂中期的数目、大小和形态等特征的总和,用来表述物种的特点和亲缘种属之间的关系。

2)核型分析

核型分析是将待测细胞的染色体按照该生物固有的染色体形态特征和规定,进行配对、排列、分组、编号,并进行形态分析的过程。

3)Denver 体制

按照 Denver 会议(1960 年)提出的染色体命名和分类标准,将人类体细胞的 46 条染色体按大小(根据长度递减顺序)、着丝粒的位置分成 7 组(A～G)、23 对,并将次缢痕和随体作为识别染色体的辅助指标。

4)非显带染色体

染色体标本制作好后,不经处理直接染色,整条染色体均匀着色(相对于后面的显带染色体而言)。

人类染色体的核型分析标准是 Denver 体制(人类有丝分裂染色体的标准命名体制)。该体制规定:每一条染色体可通过相对长度、着丝粒指数和臂率三个参数予以识别。

$$相对长度=\frac{每条染色体长度}{单倍染色体+X染色体总长度}\times 100\%$$

$$着丝粒指数=\frac{短臂长度}{该条染色体长度}\times 100\%$$

$$臂率=\frac{长臂长度}{短臂长度}$$

5)按着丝粒在染色体长臂的位置分类

(1)中着丝粒染色体:着丝粒位于染色体长臂的1/2～<5/8。

(2)亚中着丝粒染色体:着丝粒位于染色体长臂的5/8～<7/8。

(3)近端着丝粒染色体:着丝粒位于染色体长臂的7/8至末端。

6)正常人体细胞染色体的观察与计数

观察细胞的标准如下:

①细胞完整,轮廓清晰,染色体分布在同一水平面上。

②染色体形态和分布良好。

③最好无重叠,即使有个别重叠,也要能明确辨认,以免出现差错。

④所观察的细胞处于有丝分裂同一阶段,即染色体螺旋化程度或染色体长短大体一致。

⑤在所观察的细胞周围,没有离散的单条或多条染色体存在,以免影响计数。

7)各组染色体主要特征

(1)A组(1～3号)。

1号:23对染色体中最大的中着丝粒染色体,长臂近着丝粒处常见次缢痕。

2号:比1号染色体短,是最大的亚中着丝粒染色体。

3号:23对染色体中第二大的中着丝粒染色体。

(2)B组(4～5号)。

本组染色体均为亚中着丝粒染色体,2对染色体不易区分。

(3)C组(6～12号和X)。

本组为染色体最多的一组,且均为亚中着丝粒染色体。各对染色体间在形态上差别较小，故不易区分。但6、7、9和11号为着丝粒偏中部的亚中着丝粒染色体，其余更偏亚中。X染色体的大小介于7、8号之间，有时常不等大。9号长臂近着丝粒处常出现次缢痕。由于这组染色体不易区分，准确的鉴别有待显带。

(4)D组(13～15号)。

本组染色体中等大小，为7组中最大的近端着丝粒染色体。此组染色体的短臂常见随体。染色体大小随编号依次递减，较难准确鉴别。

(5)E组(16～18号)。

16号：本组中最大的中着丝粒染色体，长臂常见次缢痕。

17号：较小的亚中着丝粒染色体。

18号：亚中着丝粒染色体，是亚中着丝粒染色体中最小的一对，短臂比17号短。

(6)F组(19～20号)。

本组为7组中最小的2对中着丝粒染色体，易与其他组区分，但组内2对染色体不易区分。

(7)G组(21～22号和Y)。

本组染色体为7组中最小的近端着丝粒染色体，短臂常有随体。21号常比22号小。

Y染色体也为近端着丝粒染色体，但无随体，常比21、22号染色体大，但其长度变异甚大。Y染色体长臂常平行靠拢，此点为Y染色体区别于21、22号染色体的重要标志。

3.注意事项

(1)医学遗传学描述染色体核型正常的男性46,X，染色体核型正常的女性46,XX。

(2)染色体核型检验诊断报告必须提供来源的分裂相。

五、思考题

简述正常人体细胞内各组染色体的非显带特点。

实验二十九 细胞周期检测分析

一、实验目的

(1)学习检测细胞周期的原理和常用检测方法。

(2)学习流式细胞术的基本原理和检测细胞周期的应用。

二、实验原理

细胞周期是真核细胞有丝分裂过程中伴随物质合成、DNA复制、细胞核分裂、细胞质分裂等一系列有规律、连续的周期性事件,实现一个母细胞分裂成两个子细胞的过程。细胞周期可分为G_0/G_1(Gap 0/Gap 1)期、S(synthesis)期、G_2(Gap 2)期、M(mitotic)期。

通过检测处于不同细胞周期的DNA复制特征、周期性表达和合成的特定蛋白质分子,即可区分不同细胞周期的细胞。细胞周期常用检测方法主要有流式细胞仪碘化丙啶(propidium iodide,PI)染色法、同位素标记法以及标记有丝分裂比率法(细胞周期测定)等。

流式细胞仪PI染色法原理:细胞周期各阶段的DNA含量不同,蓝光激发的PI或紫外线激发的DAPI(4′,6-二脒基-2-苯基吲哚,4′,6-diamidino-2-phenylindole)和Hoechst染料33342和33258均可以与DNA结合,结合的DNA量与其荧光强度呈正相关,通过流式细胞仪获取体现细胞DNA特征的荧光图谱,进而获得细胞所处细胞周期的分布信息,即可计算处于各阶段细胞的百分率。

三、实验设备、材料与试剂

1. 实验设备

超净工作台、CO_2培养箱、低速离心机、流式细胞仪、制冰机、冰箱等。

2. 实验材料与试剂

材料:MDA-MB-231 细胞

试剂:RPMI-1640 培养基、胎牛血清、0.25%胰蛋白酶、PI、PBS、无水乙醇等。

四、实验方法

1. 实验流程图

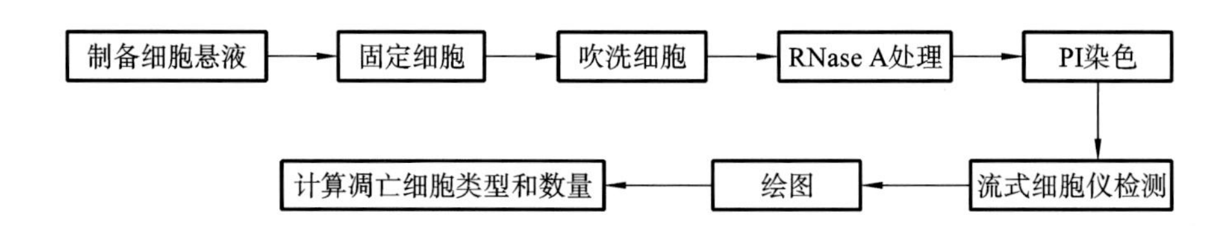

2. 实验内容

1)制备细胞悬液

(1)用不含 EDTA 的胰蛋白酶消化细胞,至细胞可以被轻轻吹洗下来时,加入 RPMI-1640 培养基,吹洗下所有的贴壁细胞,并轻轻吹散细胞。

(2)将细胞悬液收集到 15 mL 的离心管内,800g 离心 5 min,小心吸弃上清液。

(3)在细胞沉淀中加入 1 mL 预冷的 PBS,重悬细胞,800g 离心 5 min,小心吸弃上清液。

(4)重复步骤(3)操作。最后用 250 μL 预冷的 PBS 重悬细胞。

2)固定细胞及染色

(1)缓慢加入 750 μL 预冷的无水乙醇,轻轻吹打混匀,4 ℃固定 2 h 或−20 ℃固定 1 h。

(2)1000g 左右离心 3~5 min,小心吸弃上清液。加入 1 mL 预冷的 PBS,洗涤细胞 1 次。

(3)再次离心沉淀细胞,小心吸弃上清液后,用 200 μL 预冷的 PBS 重悬细胞,加入 RNase A 溶液 20 μL,37 ℃水浴 30 min。

(4)加入 400 μL PI 染色液,缓慢并充分混匀后 4 ℃避光孵育 30 min。在 1 h 内完成流式细胞仪检测。

3)流式细胞仪检测及数据读取

(1)打开电源,等待指示灯从 NOT READY 至 STANDBY;启动计算机 FACScan 连接,打开桌面上的计数软件,选择合适的模板进行数据分析(参照说明书做正确设置)。将对照管置于流式细胞仪,按"RUN"按钮。

(2)细胞的吸入:将装有细胞的测定管置于流式细胞仪吸管孔处。

(3)先预检测样品,然后进行实验检测。可根据细胞的浓度选择合适的测定速度。

(4)读取并保存样品数据。

(5)所有样品测定完后,用 FACS 清洁液、FACS 洗净液分别清洗仪器,最后将装有双蒸水的 FACS 管放置于吸管孔处。

(6)关闭机器。将废液槽中的废液倒掉,并清洗干净废液槽。

(7)使用 CELL QUEST 软件分析数据。

3. 注意事项

(1)离心后吸弃上清液时,可残留少量培养液,以免吸走细胞。

(2)固定后的细胞可以用封口膜封口,在−20 ℃中保存,1 周内检测均可。

(3)RNase A 用 PBS 配制,但是注意要沸水浴去除 DNase 的活性。试剂盒中带有配制好的酶。

(4)流式分析时需要的是单细胞悬液,因此在操作过程中应充分混悬细胞。

(5)荧光染料的保存和使用均需低温避光。

五、思考题

(1)简述流式细胞仪的工作原理。

(2)实验过程中所用试剂为什么需要预冷?

第七章　细胞增殖与细胞凋亡检测

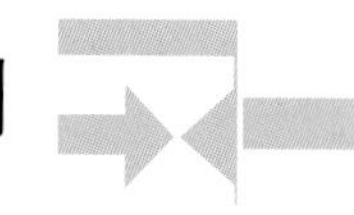

实验三十　动物细胞增殖检测

一、实验目的

(1)学习细胞增殖检测的原理和常用方法。

(2)掌握使用 CCK-8 试剂盒检测贴壁细胞增殖活性的方法。

二、实验原理

细胞增殖是指一个母细胞经过生长和分裂产生两个子细胞的过程，是维持生物体细胞数目稳定，促进生物体生长、发育和繁殖的基本生命活动之一。细胞增殖检测主要包括直接活细胞和死细胞计数和间接测定细胞增殖过程中核酸、蛋白质、酶活性等特征分子的物理化学变化和活性，例如细胞活力、细胞毒性等来评价细胞增殖能力。检测细胞活力的常用检测方法包括 MTT 检测法[3-(4,5-dimethylthiazol-2-yl)-3,5-diphenyltetrazolium bromide,3-(4,5-二甲基噻唑-2)-2,5-二苯基四氮唑溴盐，简称噻唑蓝]、CCK-8(Cell Counting Kit-8 或 WST-8 based cell viability assay)检测法、BrdU 检测法等。

(1)MTT 检测原理：细胞增殖过程中细胞活力与线粒体中的琥珀酸脱氢酶活性呈正相关，活细胞线粒体中的琥珀酸脱氢酶能催化噻唑蓝生成不溶于水的蓝紫色结晶甲臜，并沉积在细胞内，而死细胞无此功能。在一定细胞数量范围内，生成结晶的量与活细胞数成正比。加入二甲基亚砜（DMSO），将细胞中的甲臜沉淀溶解后，在 490 nm 波长处有特异性吸收峰。利用酶标仪测定样本在 490 nm 波长处的吸收值，可间接反映细胞活力以及活细胞数量。

（2）CCK-8 检测原理：CCK-8 检测方法中 WST-8 试剂代替了 MTT 检测方法中的噻唑蓝。WST-8 在电子载体（1-Methoxy PMS）的作用下被细胞内的线粒体脱氢酶催化生成溶于水的黄色甲臜，利用酶标仪测定样本在 450 nm 波长处的吸收值，可计算得到生成的甲臜量（图 30-1）。甲臜量与线粒体脱氢酶活性呈正相关，与活细胞数量和活力呈正相关，因此可反映细胞活力以及活细胞数量。实验过程中不需要加入其他试剂，可以持续、多次检测同一样本的细胞活力。

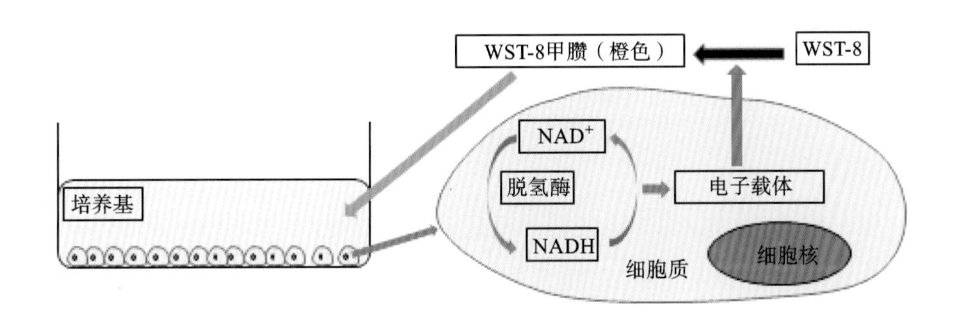

图 30-1　CCK-8 检测细胞增殖原理图

三、实验设备、材料与试剂

1. 实验设备

超净工作台、CO_2 细胞培养箱、酶标仪、离心机、光学显微镜等。

2. 实验材料与试剂

材料：HeLa 细胞。

试剂：CCK-8 试剂盒、RPMI-1640 培养基、胎牛血清、0.25%胰蛋白酶、PBS 等。

实验耗材:96 孔细胞培养板、15 mL 离心管、细胞计数板、移液器、无菌枪头等。

四、实验方法

1. 实验流程图

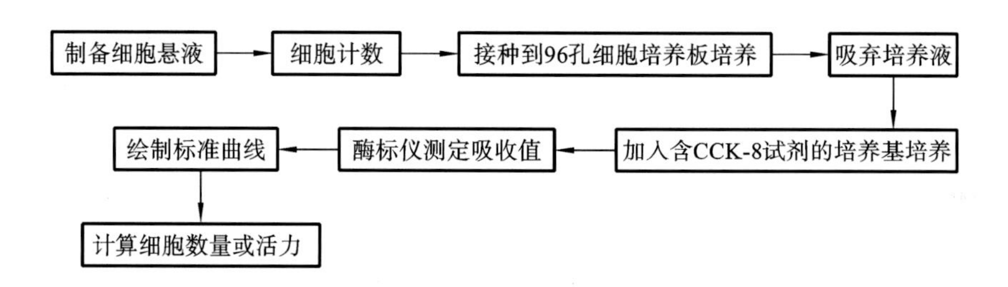

2. 实验方法

1)制备细胞悬液

在实验前 1～2 天将 HeLa 细胞培养在 10 cm 细胞培养皿中,至细胞丰度为 70%～90%。

(1)吸弃培养基,加入 PBS,轻轻摇动后,吸出 PBS。

(2)在培养皿中加入 500 μL 胰蛋白酶,平行轻轻摇动,至胰蛋白酶均匀分布在细胞表面。然后将培养皿放置在 37 ℃ 5% CO_2 细胞培养箱中静置 3 min。取出后轻轻晃动培养皿,至细胞从培养皿底部脱落下来。迅速加入 3 mL 新鲜的 RPMI-1640 培养基,轻轻吹打,中和胰蛋白酶,并使细胞均匀分布在培养液中。

(3)将细胞悬液转移到 15 mL 离心管中,1000 r/min 离心 5 min 后取出,吸弃上清液。

(4)在细胞沉淀中加入 1 mL RPMI-1640 培养基,轻轻吹打均匀。

(5)取 10 μL 细胞悬液加入细胞计数板进行计数,并计算细胞浓度。

2)细胞数量标准曲线的制备

(1)将制备好的细胞悬液按每孔 100 μL 细胞数 0、5000、10000、15000、20000、25000、50000 加入 96 孔细胞培养板的对应孔内,每一组设置 6 个重复。

(2)放置于 37 ℃、5% CO_2细胞培养箱中培养 2～4 h，待细胞贴壁。

(3)吸弃每孔中的培养液，然后加入 100 μL 含有 10 μL CCK-8 试剂的培养液。

(4)置于 37 ℃、5% CO_2细胞培养箱中培养 1～4 h。根据细胞实际增殖活性状况(即颜色变化的快慢)确定合适的反应时间，并用酶标仪读取 450 nm 处的吸光度(OD 值)。

(5)以细胞数量为横坐标，OD 值为纵坐标，绘制细胞数量的标准曲线，并以此为依据计算待测样本的细胞数量。

3)样本细胞数量或细胞活力检测

(1)在制备细胞数量或细胞活力标准曲线的同时，将制备好的待测组细胞悬液按 10000 个/100 μL 加入同一个 96 孔细胞培养板中的待测孔，同时设置空白对照组，即只加 100 μL 细胞培养基、CCK-8 溶液。每一组设置 6 个重复。

(2)将培养板置于 37 ℃，5% CO_2细胞培养箱内培养 2～4 h。

(3)吸弃每孔中的培养液，然后加入 100 μL 含有 10 μL CCK-8 试剂的培养液。

(4)将培养板置于 37 ℃、5% CO_2细胞培养箱中培养 1～4 h，根据细胞实际增殖活性状况(即颜色变化的快慢)以及标准曲线中细胞数量的有效范围，确定合适的反应时间，用酶标仪读取 450 nm 处的 OD 值。

(5)细胞数量或细胞活力的计算：利用实验结果所绘制的标准曲线，根据 OD 值计算样本的细胞数量，然后计算出细胞增长率，计算公式：细胞增长率(%)=(检测的细胞个数－10000)/10000×100%。

3. 注意事项

(1)CCK-8 试剂加入后孵育时间的确认。随着反应时间的延长，培养基的黄色逐渐加深，OD 值就会增大。OD 值应控制在有效范围内，所以培养时间不宜过短，也不能过长。

(2)重复组的设置。通常每组设置 6 个重复孔，读取 OD 值后，可以去掉最大值与最小值，取剩余值的平均数。另外，96 孔细胞培养板周围一圈孔因为存在边缘效应，建议不作为实验孔，并加空白培养基保持条件稳定。

(3)所有实验孔内不能有气泡。如果有气泡，需小心去除，以排除气泡对检测结果的影响。

(4)如果暂时不读取OD值,可以在孔中加入10 μL 0.1 mol/L的HCl溶液,室温下避光保存。在24 h内测定,OD值不会发生变化。

五、思考题

(1)CCK-8检测细胞增殖活性时,如何设置空白对照以及确定检测的有效范围?

(2)简述动物细胞增殖的检测方法。

(3)简述CCK-8检测法检测细胞增殖活性的优缺点。

实验三十一　动物细胞凋亡检测

一、实验目的

(1)观察凋亡细胞的形态特征。

(2)掌握通过荧光探针标记检测活细胞、凋亡细胞和坏死细胞的方法。

二、实验原理

细胞凋亡是在内源性或外源性死亡信号触发下,细胞释放细胞色素 c、激活半胱氨酸特异性水解酶 Caspases,进而引起的细胞程序性死亡。凋亡细胞变圆、与周围细胞脱离接触,细胞膜向内皱缩成小泡状,膜内侧磷脂酰丝氨酸(phosphatidylserine,PS)外翻到膜表面,胞质浓缩、内质网扩张与细胞膜融合形成凋亡小体,细胞核固缩破裂呈团块状或新月状,细胞内核酸内切酶活性增加,核 DNA 被随机降解为约 200 bp 及其整倍数的片段。

细胞凋亡检测常用方法包括检测细胞膜外侧磷脂酰丝氨酸、细胞内氧化还原状态、细胞色素 c 定位、线粒体膜电位变化、DNA 片段化、端粒酶和细胞凋亡相关蛋白转录和翻译、转移酶介导的 dUTP 缺口末端标记(TUNEL,terminaldeoxynucleotidyl transferase dUTP nick end labeling)测定等。

Annexin Ⅴ-PI 细胞凋亡检测基本原理:细胞发生凋亡时触发 PS 从细胞膜内侧翻转到膜表面。Annexin-Ⅴ是一种与 PS 具有高亲和力的 Ca^{2+} 依赖性磷脂结合蛋白。碘化丙啶(propidine iodide,PI)是一种不能透过完整细胞膜的核酸染料,但是当细胞处于凋亡中、晚期和死亡时,PI 则穿透细胞膜与细胞核中的核酸结合,产生特异性紫色荧光。利用荧光标记的 Annexin-Ⅴ和 PI 为探针,结合荧光显微镜或流式细胞仪可定性和定量检测凋亡早、晚期的细胞。

三、实验设备、材料与试剂

1. 实验设备

超净工作台、CO_2培养箱、低速离心机、制冰机、冰箱、流式细胞仪等。

2. 实验材料与试剂

材料：HEK293(人胚肾细胞)细胞。

试剂：RPMI-1640 培养基、胎牛血清、0.25%胰蛋白酶、PBS、Annexin Ⅴ-FITC、PI 试剂等。

四、实验方法

1. 实验流程图

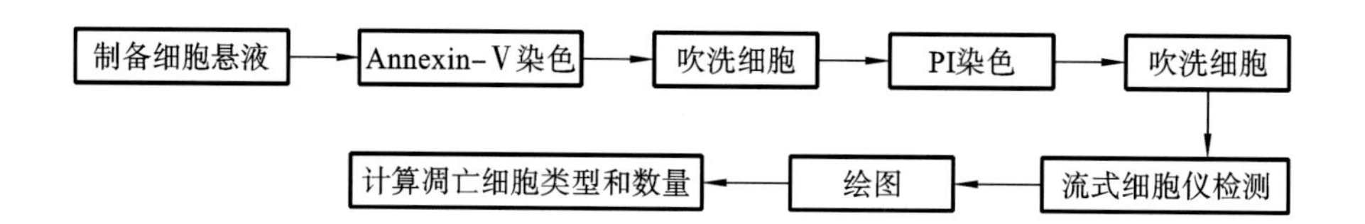

2. 实验方法

1)制备细胞悬液

(1)用胰蛋白酶(无 EDTA)消化细胞至细胞可以被轻轻吹打下来时，加入 RPMI-1640 培养基，吹打下所有的贴壁细胞，并轻轻吹散细胞。

(2)将细胞悬液收集到 15 mL 离心管内，1000g 离心 5 min，沉淀细胞。

(3)小心吸弃上清液，注意留 50 μL 左右的培养液，以免吸走细胞。

(4)加入 1 mL 冰浴预冷的 PBS，重悬细胞，1000g 离心 5 min 再次离心沉淀细胞，小心吸弃上清液，残留 20 μL 左右的 PBS，避免吸走细胞。

(5)重复步骤(4)操作，用预冷的 PBS 再次清洗细胞，并离心收集细胞。轻轻弹击离心管底以适当分散细胞，避免细胞成团。

(6)加入 1 mL 冰浴预冷的 PBS,重悬细胞进行细胞计数。用 1 mL 1×Binding Buffer 重悬细胞,并将细胞悬液平均分为 4 组,分别标记为空白组、Annexin Ⅴ-FITC 单染组、PI 单染组以及双染组(每组的细胞总数应控制在 5×10^5 左右,每组的体积为 250 μL)。

2)Annexin Ⅴ-FITC 与 PI 染色

染色操作如表 31-1 所示。

表 31-1 Annexin Ⅴ-FITC 与 PI 染色操作

试剂	空白组	Annexin Ⅴ-FITC 单染组	PI 单染组	双染组
Annexin Ⅴ-FITC	—	5 μL	—	5 μL
PI	—	—	10 μL	10 μL

(1)按照表 31-1,在 Annexin Ⅴ-FITC 单染组和双染组的细胞悬浮液中各加入 5 μL Annexin Ⅴ-FITC,其他组不加,轻轻混匀后,用锡箔纸包好后于 4 ℃避光条件下孵育 15 min。

(2)孵育后,加入 250 μL 1×Binding Buffer 使得总体积为 500 μL,并向 PI 单染组和双染组细胞悬液中各加入 10 μL PI 后轻轻混匀,于 4 ℃避光条件下孵育 5 min。

(3)在 1 h 内用流式细胞仪检测。

3)流式细胞仪检测和数据分析

(1)打开电源,等待指示灯从 NOT READY 至 STANDBY;启动计算机 FACScan 连接;打开桌面上的计数软件,选择合适的模型进行数据分析(参照说明书做正确设置)。将对照管置于流式细胞仪,按“RUN”按钮。

(2)细胞的吸入:将装有细胞的 FACS 测定管放置到机器吸管孔处。

(3)先预检测样品,然后进行实验检测。可根据细胞的浓度选择合适的测定速度。

(4)读取并保存样品数据。

(5)所有样品测定完后,用 FACS 清洁液、FACS 洗净液分别清洗仪器,最后用装有双蒸水的 FACS 管置于机器吸管孔处。

(6)关闭机器。将废液槽中的废液倒掉,并清洗干净废液槽。

(7)使用 CELL QUEST 软件分析数据。

3. 注意事项

(1)旋帽离心管装的试剂在开盖前请短暂离心,将盖内壁上的液体甩至管底,避免开盖时液体洒落。

(2)细胞处理需要小心操作,尽量避免人为因素损伤细胞。

(3)Annexin Ⅴ-FITC 和 PI 是光敏物质,在操作时请注意避光。

(4)进行流式操作的时候一定要保证细胞的数量在 50000 以上。

(5)用 Annexin Ⅴ-FITC 和 PI 染色后,正常的活细胞不被 Annexin Ⅴ-FITC 和 PI 染色,所以流式图中呈现双阴性;凋亡早期的细胞仅被 Annexin Ⅴ-FITC 染色,而 PI 染色呈阴性;坏死细胞和凋亡晚期的细胞可以同时被 Annexin Ⅴ-FITC 和 PI 染色,故在流式图中呈双阳性。

五、思考题

(1)简述细胞凋亡的原理和生理意义。

(2)用荧光探针检测细胞凋亡有什么优缺点?

(3)简述另外两种检测细胞凋亡的方法。